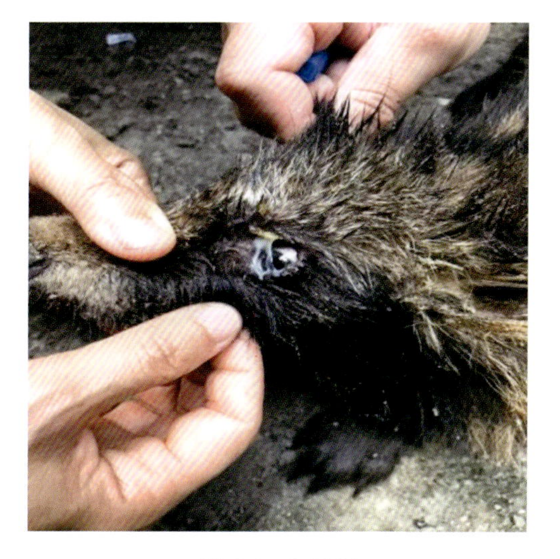

彩图 **1**　角膜炎

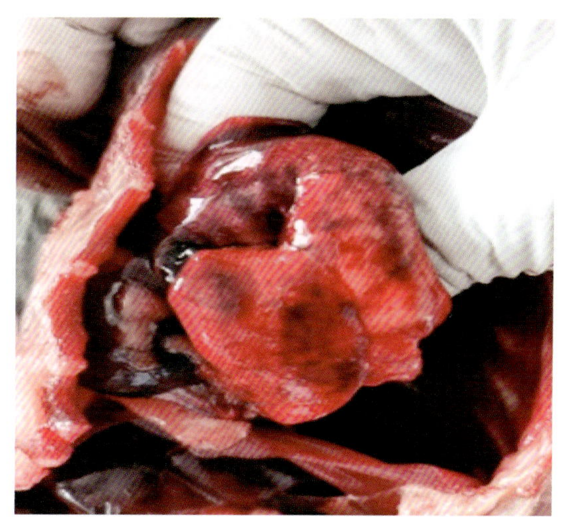

彩图 **2**　犬瘟热导致的肺出血

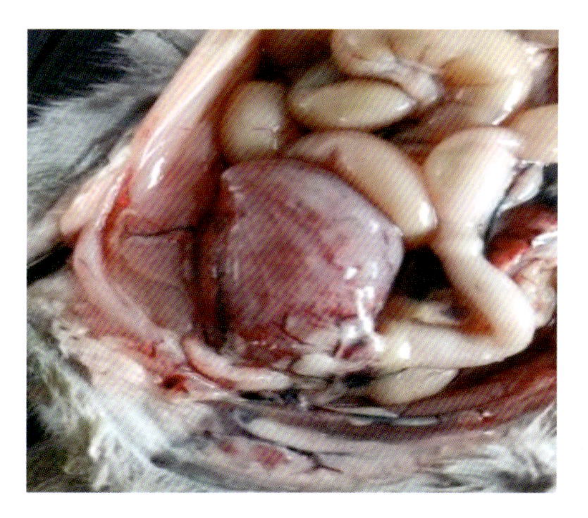

彩图 **3**　膀胱出血

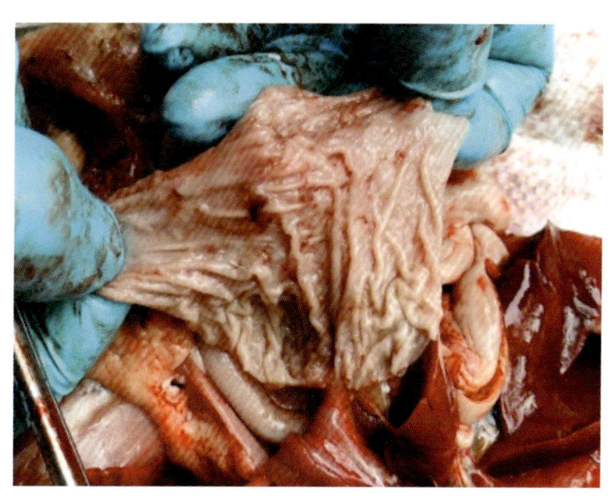

彩图 **4**　胃出血

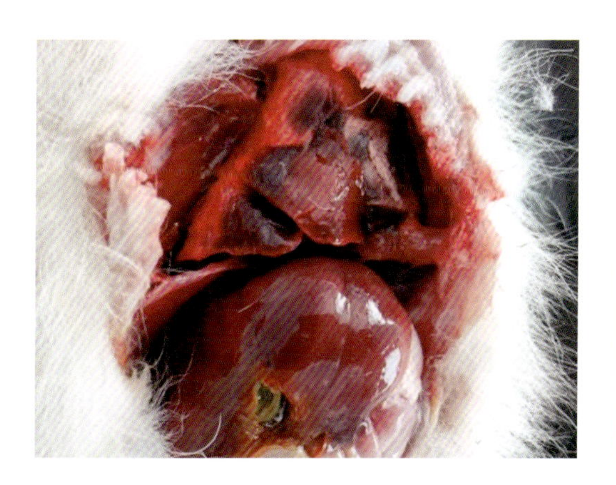

彩图 **5**　绿脓杆菌病导致的肺出血

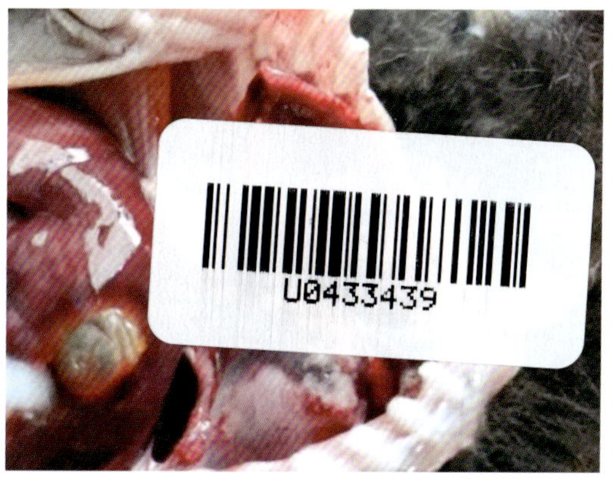

彩图 **6**　纤维素性化脓性肺炎

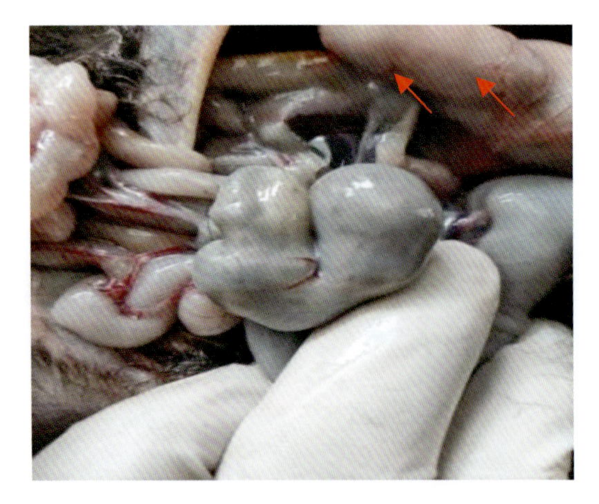

彩图 7　盲肠病变

彩图 8　组织滴虫

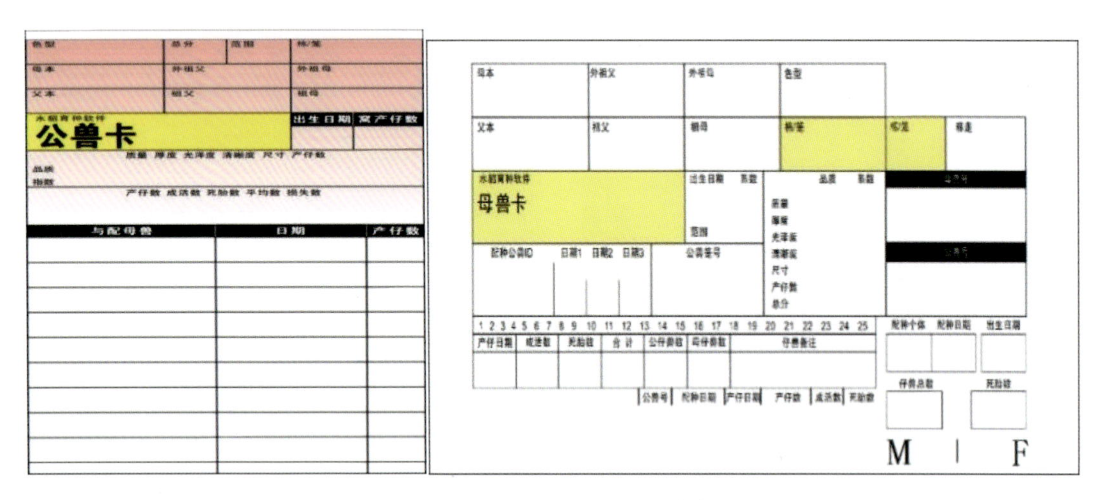

色型　总分　栋/笼
母本　外祖父　外祖母
父本　祖父　祖母
水貂育种软件
公兽卡
出生日期　窝产仔数
质量　厚度　光泽度　清晰度　尺寸　产仔数
品质
指数
产仔数　成活数　死胎数　平均数　损失数

与配母兽	日期	产仔数

母本　外祖父　外祖母　色型
父本　祖父　祖母　栋/笼
水貂育种软件
母兽卡
出生日期　系数
品质　系数
质量
厚度
光泽度
清晰度
尺寸
产仔数
总分
配种公兽ID　日期1　日期2　日期3
公兽耳号
1 2 3 4 5 6 7 8 9 10 11 12 13 14 15 16 17 18 19 20 21 22 23 24 25

产仔日期	成活数	死胎数	合计	公仔兽数	母仔兽数	仔兽备注

公兽号　配种日期　产仔日期　产仔数　成活数　死胎数
配种个体　配种日期　出生日期
仔兽总数　死胎数
M　|　F

彩图 9　种公貂、种母貂育种卡

彩图 10　圈舍通道

彩图 **11**　圈舍间侧门

彩图 **12**　通道交叉处的门

彩图 **13**　折叠门

彩图 **14**　饲槽及排水口

彩图 **15**　电加热饮水槽

彩图 **16**　自动饮水碗

彩图 17　棚舍

彩图 18　貉舍棚顶（石棉瓦制）

彩图 19　水貂笼箱

彩图 20　水貂自动饮水装置

彩图 21　饲料加工车间

彩图 22　机械化喂食车

彩图 23　晾貂架

彩图 24　机械化挑裆

彩图 **25**　机械化剥皮

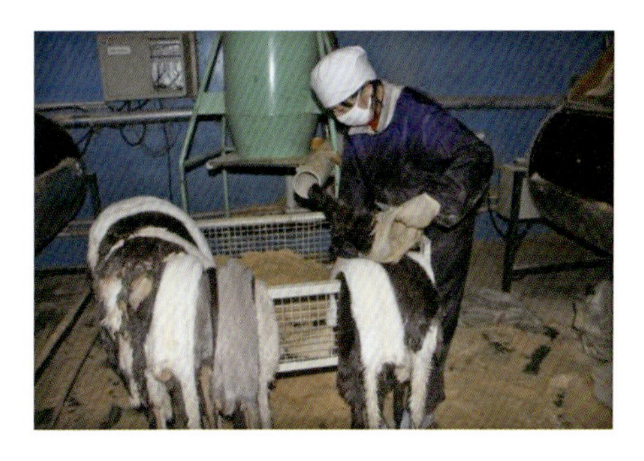

彩图 **26**　机械翻皮机

彩图 **27**　转鼓

彩图 **28**　自动上楦

彩图 **29**　烘干皮张

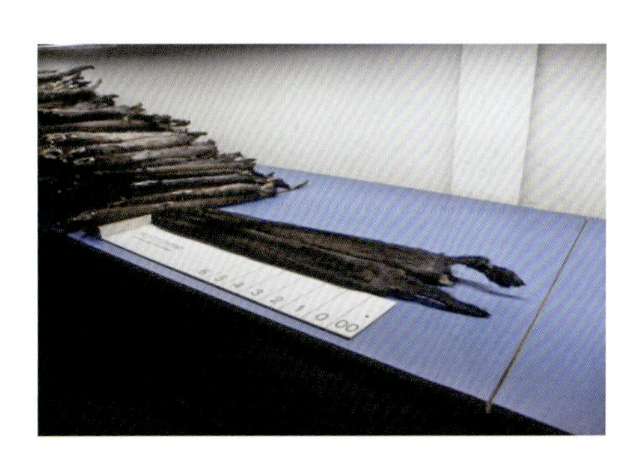

彩图 **30**　分等分级

彩图 **31**　皮张保存

彩图 **32**　皮张销售

彩图 33　皮张制衣

彩图 34　成衣销售

彩图 35　污水沉降池

彩图 36　堆粪发酵

彩图 37　立体式笼养模式

彩图 38　多层网上平养模式

彩图 39　孵化器

彩图 40　料塔

彩图 41　自动饲喂器

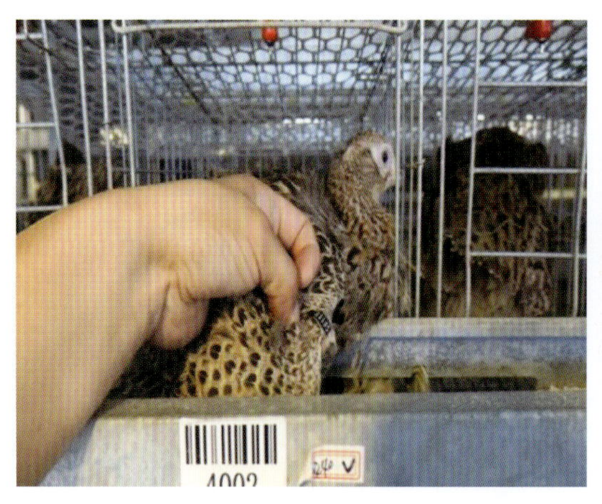

彩图 **42**　育种基本数据信息

彩图 **43**　人工授精

彩图 **44**　自动集蛋系统

彩图 **45**　清粪和输送系统

特种畜禽生产指导

主　编　吴　琼　任二军　卫功庆

副主编　刘宗岳　宋兴超　杨童奥

编　者　（以姓氏笔画为序）

卫功庆（吉林农业大学）
王洪亮（中国农业科学院特产研究所）
任二军（石家庄市农林科学研究院）
刘　洁（石家庄市农林科学研究院）
刘汇涛（中国农业科学院特产研究所）
刘华淼（中国农业科学院特产研究所）
刘进军（石家庄市农林科学研究院）
刘宗岳（中国农业科学院特产研究所）
刘春盛（龙岩市武平县农业农村局）
李　伟（石家庄市农林科学研究院）
李　鑫（石家庄市农林科学研究院）
杨童奥（河北科技师范学院）
吴　琼（龙岩学院）
吴学壮（安徽科技学院）
宋兴超（铜仁学院）
张然然（中国农业科学院特产研究所）
林香燕（龙岩市武平县农业农村局）
涂剑锋（中国农业科学院特产研究所）
曹　翀（龙岩学院）
曹新燕（吉林农业大学）

机械工业出版社

本书详细介绍了我国特种畜禽养殖场与加工厂的设计、特种畜禽体形外貌识别、特种畜禽饲养管理关键技术、特种畜禽日粮配制、特种畜禽疾病防治技术、特种畜禽生产性能测定、特种畜禽产品加工、特种畜禽养殖场废弃物处理、特种畜禽养殖场记录图表的认识与使用、特种畜禽养殖场经营计划的编制和现代化特种畜禽养殖场等内容，根据特种畜禽生产的实际特点，穿插图片与表格编写而成，具有形象直观、易学易懂的特点。

本书适合广大特种畜禽养殖户及技术人员使用，也可作为特种畜禽养殖教学及生产实习的指导用书。

图书在版编目（CIP）数据

特种畜禽生产指导 / 吴琼，任二军，卫功庆主编. 北京 ：机械工业出版社，2024. 9. -- ISBN 978-7-111-76356-7

I. S815

中国国家版本馆 CIP 数据核字第 2024UR8116 号

机械工业出版社（北京市百万庄大街22号　邮政编码100037）

策划编辑：高　伟　周晓伟　　责任编辑：高　伟　周晓伟　章承林

责任校对：肖　琳　李小宝　　责任印制：单爱军

保定市中画美凯印刷有限公司印刷

2024年9月第1版第1次印刷

184mm×260mm・9.75印张・4插页・240千字

标准书号：ISBN 978-7-111-76356-7

定价：59.80 元

电话服务　　　　　　　　　网络服务

客服电话：010-88361066　　机　工　官　网：www.cmpbook.com

010-88379833　　机　工　官　博：weibo.com/cmp1952

010-68326294　　金　　书　　网：www.golden-book.com

封底无防伪标均为盗版　　机工教育服务网：www.cmpedu.com

前 言 Preface

特种畜禽是指除猪、牛、羊、驼、马、驴、兔、鸡、鸭、鹅、鹌鹑、肉鸽、蜜蜂等传统畜禽以外的、饲养规模大、分布相对广、经济价值高的家养动物。2020 年我国颁布的《国家畜禽遗传资源目录》将梅花鹿、马鹿、驯鹿、羊驼、火鸡、珍珠鸡、雉鸡、鹧鸪、鸵鸟、鸸鹋、番鸭、绿头鸭、水貂（非食用）、银狐（非食用）、北极狐（非食用）、貉（非食用）16 种特种畜禽划归为家养动物，按照《中华人民共和国畜牧法》管理。为了顺应政策，满足人们对特种畜禽领域生产指导的需求，编写了本书。

本书共 11 章，主要介绍收录于《国家畜禽遗传资源目录》的 15 种特种畜禽，包括梅花鹿、马鹿、驯鹿、水貂（非食用）、银狐（非食用）、北极狐（非食用）、貉（非食用）、火鸡、珍珠鸡、雉鸡、鹧鸪、鸵鸟、鸸鹋、绿头鸭、番鸭，其中梅花鹿、马鹿、驯鹿归为鹿类动物，水貂、银狐、北极狐、貉归为毛皮动物，其余为特禽。目前，羊驼在国内主要饲养于动物园或观赏园等，以观赏娱乐为主，其系统化的生产过程还有待进一步规范，所以本书未介绍羊驼的相关内容。鹿类动物部分由刘汇涛、张然然、王洪亮、曹新燕和刘华淼编写，毛皮动物部分由任二军、刘宗岳、杨童奥、李伟、李鑫、刘洁、刘进军、宋兴超、吴学壮编写，特禽部分由吴琼、涂剑锋、刘春盛和林香燕编写，本书特种畜禽疾病防治技术部分由曹翀编写，在编写过程中卫功庆给予了数据方面的支持。因特禽与家禽的主要传染病、饲料原料和加工等相似，本书不再赘述。本书坚持内容的实用性，适合广大特种畜禽养殖户及技术人员使用，也可作为特种畜禽养殖教学及生产实习的指导用书。

需要特别说明的是，本书所用药物及其使用剂量仅供读者参考，不可照搬。在生产实际中，所用药物学名、常用名和实际商品名称有差异，药物浓度也有所不同，建议读者在使用每一种药物之前，参阅厂家提供的产品说明以确认药物用量、用药方法、用药时间及禁忌等。购买兽药时，执业兽医有责任根据经验和对患病动物的了解，决定药物用量及选择有效的治疗方案。

书中涉及图片来自中国农业科学院特产研究所梅花鹿保种场、长春市双阳区博文鹿业良种繁育有限公司、上海欣灏珍禽育种有限公司、大连名威貂业有限公司、平山县光亮特种养殖专业合作社、石家庄市藁城区华泽畜牧业发展有限公司、大连安特种貂繁育有限公司、大连名门种貂有限公司、华斯控股股份有限公司、中国尚村皮毛交易市场等，在此一并表示感谢。在编写过程中，编者参考了众多专业书籍和文章以取长补短，但由于编者水平有限，书中错误和不妥之处在所难免，衷心希望广大读者、有关专家批评指正。

编 者

目 录 Contents

第一章

特种畜禽养殖场与加工厂的设计

第一节　规模化鹿场的设计

鹿场的建设主要包括场址选择、场区划分、主要建筑布局等。鹿茸及其他产品的初加工场地也建在鹿场内。

一、场址选择

鹿场场址的选择是建设的首要条件。场址选择、场区布局及鹿舍建筑是否合理，不仅关系到鹿群的健康，而且对鹿场的发展和经营管理的改善也具有重要影响。

1. 地势和土壤条件

选择地势高燥、北高南低（坡度在5°左右）的地区。山区应选择避风、向阳、排水良好的地方。土壤以沙土或砂石土为宜。

2. 饲料条件

建场应选择有足够饲料来源的地方（尤其是粗饲料）。每只梅花鹿每年平均需精饲料400kg、粗饲料2000kg左右；每只马鹿每年需精饲料600kg、粗饲料4000kg左右。如果是放牧，每只梅花鹿需要牧场15亩（1亩≈666.7m^2）左右，每只马鹿需要22.5亩左右。

3. 水源和水质条件

保证有足够的水源和良好的水质，应注意水中矿物质和微量元素的含量，避免饮用受污染的江河水。

4. 社会环境条件

场址应远离公路1.0~1.5km，距铁路5km以上，以利于预防疾病。同时，还应便于物资、饲料的购运及产品的发送。场址不应建在工矿区及公共设施附近。由于鹿与牛羊有共患传染病，所以不应与牛羊一起饲养及共用一个牧场和饲料场，更不应在被牛羊污染过的地方建场。

二、场区划分

规模化的专业鹿场一般应有养鹿生产区、辅助生产区、经营管理区和职工生活区。养鹿生产区建筑包括鹿舍（如仔鹿圈、育成分娩圈、成鹿圈等）、饲料库、饲料加工室、青贮窖（壕）、鹿茸及其他鹿产品加工室、兽医室及其他副业生产用的建筑。辅助生产区建筑包括农机具库、畜舍及其他劳动用具库。经营管理区建筑包括办公室、物资仓库、集体宿舍、招待所等。职工生活区建筑包括职工住宅楼、食堂、医务室等。

三、主要建筑布局

鹿场一般应为东西宽、南北窄的长方形，场内 4 个区相互分开，由西向东平行排列，依次为职工生活区、经营管理区、辅助生产区和养鹿生产区。养鹿生产区和其他区最好用围墙完全隔开，间隔在 200m 以上，使养鹿生产区产生的不良气味、噪声、粪尿、污水不因风向和地面径流而污染生活环境，避免因出现鹿病而导致疫病蔓延。当然，也防止职工生活区生活用水经地面流入养鹿生产区。各区内建筑布局均匀。

1. 鹿场建筑布局

通往公路、城镇的主干道应直通职工生活区和经营管理区，不能先经职工生活区再进入经营管理区；同时，应有道路不经过职工生活区直接进入养鹿生产区，用于运送饲料，运出产品。养鹿生产区内建筑以鹿舍为中心分列排布，鹿舍周围布置饲料加工室、青贮窖、饲料库等，以便生产过程中方便使用。

鹿舍面积是指圈舍运动场和圈内通道两部分面积之和，与所养鹿的种类、性别、饲养方式、年龄、利用价值、生产能力、经营管理体制有关。一般来说，鹿的个体越大，单只所需面积越大，如马鹿比梅花鹿所需面积大；鹿的性格越活泼，所需面积越大，如相同个体大小的梅花鹿比驯鹿所需面积大；相同品种母鹿比公鹿所需面积大，放牧鹿比完全舍饲鹿所需面积小；种用价值高和生产能力高的壮龄公鹿，应用大圈饲养或用小圈单独饲养；在北方冬季天气较冷的地区或在夏季光照过强的南方，也应加大棚舍宽度；由于公鹿长茸期和配种期性格莽撞、好争斗，所以占用面积比育成鹿大；母鹿在哺乳期与仔鹿同圈，配种期圈内增加种公鹿，圈内还要安装仔鹿保护栏，产房面积应增大。

棚舍长 14~20m、宽 5~6m，可饲养梅花鹿母鹿 20~30 只，或公鹿 15~25 只，或育成鹿 30~40 只，但同时需 1 个长 25~30m、宽 14~20m 的运动场，而同样大小的棚舍，可养 60~80 只离乳仔鹿，但需加大运动场；一般运动场面积是棚舍面积的 2.5 倍左右。

鹿舍应正面朝阳，运动场设在南面，向阳避风，保证温暖、干燥、阳光充足，各鹿舍间有宽敞的道路，以便于管理人员进出及拨鹿、驯化、转群使用；饲料库、加工室、贮料室应以方便加工、取用为原则，大小适宜，方向适当。青贮窖、干草垛要处于鹿舍的高处，且与鹿舍间隔一定距离，以便于防火和防粪尿污染。粪场应处于生产区最低处的下风向，且与鹿舍有 50m 以上的距离，以防污染水源、饲料及传播疫病；兽医室、隔离室应处于鹿场下风口处，与鹿舍有 50m 以上距离，以防传染疫病。如果舍饲与放牧结合，则舍内应设有直通放牧道。

2. 鹿舍的设计

鹿舍是鹿场最主要的建筑，其设计好坏直接影响整个鹿场的规划和经济效益。鹿舍也是鹿的生长生活场所，必须宜于鹿的规模饲养，防止逃跑，冬季能遮蔽严寒，防风防雪；夏季能防晒遮阴，避免炎热、风雨，所以设计时应从坚固实用和符合鹿生长发育需要两方面考虑。

(1) 鹿舍种类 鹿舍依据用途可分为以下几种：

1）公鹿舍。主要用来饲养种用和茸用公鹿。

2）母鹿舍。主要用来饲养繁殖用的妊娠母鹿或空怀母鹿。

3）育成舍。主要用来饲养断乳以后、配种以前的青年鹿，依其饲养性别不同，又可分为公鹿舍和母鹿舍两种。

4）仔母舍。用来饲养处于哺乳期的母鹿和仔鹿。

5）隔离舍。用来隔离饲养鹿群中的病鹿，一般应与其他棚舍分开，靠近兽医室，便于治疗。

（2）采光与通风　鹿舍内光照要充足，以利于其生长，所以现在采用的棚舍形式一般是屋顶为人字形，左、右、后三面围墙的蔽圈，前面无墙壁，仅有圆形水泥柱，棚舍前檐距离地面2.1~2.2m，后檐离地面1.8m左右，棚舍后墙留有后窗，以利于通风，冬季封闭，春、夏、秋季打开。围墙与其他畜舍不同，要求坚固耐用，一般可用砖墙、石墙、土墙、铁栏等，但一般提倡使用石座砖墙，即下部底座为石墙，明石高30~60cm，上砌实砖，1.2m以上为花砖墙。外墙高2.5~3m，内墙高2~2.5m，厚37~40cm，墙的勒脚设防潮层，柱脚用水泥柱，沿外墙四周挖排水沟，使勒脚附近地面的积水能迅速排出。屋顶要求遮阴不漏雨，泥瓦、水泥瓦、石棉瓦、塑料瓦皆可。

（3）畜床与运动场地　鹿舍内地面较舍外运动场略高，因此称为畜床，畜床与运动场的好坏，很大程度上决定了鹿舍的空气环境和卫生状况，从而影响鹿的生长发育、健康状况及生产力高低。对鹿舍的畜床和运动场地面的基本要求：地面坚实平坦，有弹性，不硬，不滑，温暖，干燥，有适当坡度，易排水，易清扫消毒。畜床地面要求从后墙根到前檐下略有缓坡，但坡度不可过大。畜床在北方多采用砖铺地面，南方则宜用水泥地面，要求地面平整、易排水和清扫，但因地面对鹿蹄有一定磨损，且夏热冬凉，所以冬季地面要铺褥草，畜床前檐最低点比运动场高3~6cm，以利于排水和防止雨水回流。

运动场要求地面干燥，土质坚实，如果不符合要求，可用三合土、素土夯实，上铺大沙粒或风化沙；若地势低洼，土质黏重，则可将表土铲除，铺垫20cm厚的碎石，铲平压实，再铺20~30cm厚的沙粒，也可中间铺石板，四周铺风化沙。

（4）排水与防风　由鹿舍畜床经运动场、走廊到粪尿池及围墙四周都要有排水沟，通道两边各设一条砖或水泥结构排水沟，宽45cm、深60cm，盖上石板盖，通向粪尿池。在鹿舍四周要建有比较坚固的围墙，有些鹿场建有木杆围墙，要求必须坚固，防止暴风雨时被刮倒。围墙一般高2.5~3m，可防止鹿逃跑，又可防风，有条件的地方可用预制水泥板或水泥柱修建围墙，如果墙体较矮，可在墙外密植树木，也可起到防风、遮阴作用。

（5）通道与圈门

1）走廊。鹿舍运动场前壁墙外一般设有3~4m宽的横道，供平时拨鹿、驯鹿及出牧时用，也是防止跑鹿、保障安全生产的防护设备，通道两端设2.5~3.0m宽的大门。

2）腰隔。在母鹿舍和大部分公鹿舍畜床前2~3m的运动场上要设置腰隔，便于拨鹿时使用，即来时打开，拨鹿时关闭，与运动场分开，使圈棚与运动场间形成两条道路。腰隔可为活动的木栅栏，也可以是固定的花砖墙，但必须在两侧和中间设门。

3）圈门。为了便于拨鹿和管理，圈舍运动场须设有多个门。前圈门设在前墙侧或中间，宽1.5~1.8m、高1.8~2.0m；腰门设在距运动场前墙约5m处，大小与前圈门相近；栅栏门设在栅栏两侧，宽1.2~1.3m；圈舍门设在鹿舍两侧墙中间或前1/3处，宽1.3~1.5m、高1.8m。

3. 配套设施设备

（1）设施 根据地理气候条件可采用不同的饮水系统，寒冷地区的自动饮水系统冬季需有加热设备。还要配备无害化处理设施、污水处理设施及固定或可移动式鹿装运台。

（2）设备

1）饲喂设备。主要有料槽和水槽。

① 料槽。要求坚固、光滑，便于清洗消毒。现多用砖、水泥钢筋结构砌成。梅花鹿料槽上口宽 80~100cm、底宽 60~80cm、深 25cm、长 8~10cm、槽底距地面 20~30cm，可饲喂梅花鹿 20~40 只。马鹿料槽上口宽 100~120cm、底宽 80~100cm、深 25cm、长 8~10cm、槽底距地面 30~40cm，可饲喂马鹿 20~30 只。若料槽太窄、太短，则影响采食。为不影响鹿运动及拨鹿，料槽应纵向设在圈舍中央或外侧围墙处。

② 水槽。要求坚固、光滑、不透水。南方多用石槽、水泥槽；北方因需冬季加温，多用铁水槽。水槽长 150~200cm、宽 60cm、深 35cm，装在两圈之间的前墙角下，供两圈鹿饮水。也可用铁锅代替，固定在灶上，灶旁有烟囱，冬季可生火温水，现在也有使用电热圈加热的。

2）饲料加工设备。主要有粉碎机、青饲料切碎机、煮料锅、豆饼粉碎机、精饲料粉碎机等。

3）繁育设备。主要有保定圈、采精器、液氮罐、集精杯、恒温水浴锅、显微镜、输精枪等。

4）兽医设备。主要有手术医疗器具、灭菌器、消毒喷雾器等。

5）保定设备。主要有收茸保定器和医疗保定器等。

第二节 规模化毛皮动物养殖场的设计

一、场址选择

毛皮动物养殖场场址的选择要根据生产规模及发展规划，重点考虑饲料、防疫条件，同时兼顾交通、水、电设施等其他条件。一般建在地势较高、地面干燥、背风向阳的地方。另外，由于毛皮动物繁殖和换毛受光周期调节，而光周期的变化和地理纬度有关。一般情况下，我国北纬 30°以南地区不适合建场。

1. 环境条件

应选建在地势高燥、向阳、通风好、易排水的地方，与来往车辆多的道路、住宅区至少有 300m 间距。大型养殖场与村庄距离应在 1km 以上。场址应选在公路、铁路或水路运输方便的地方，但又不能离运输主干线太近，以保持安静的生产环境。与鸡场、猪场、羊场、犬场的距离不能太近，因为水貂、狐、貉等毛皮动物和家畜有许多共患病，应避免相互传染。场地要平坦，周围可栽树防风，既可美化环境，又能遮阴。为了保证场区有安全和安静的环境，养殖场周围要建围墙，每排笼舍过道应修水泥路面或铺红砖。选择场址时还要考虑当地政府是否支持毛皮动物产业发展，如果政府在政策、资金、场地等方面给予一定支持，对建场和养殖场今后的发展必然会有很大的帮助。

2. 饲料条件

饲料来源是建场的首要条件，水貂、狐、貉均是肉食性动物，饲料中必须含有一定比例的动物性饲料。因此，最好建在饲料来源广泛、方便，且便于运输的地方，如产鱼区、畜牧区、周边市县有肉、鱼类加工厂等地方。养殖场内也可设置鱼塘、养鸡场，大型养殖场可修建冷库，小型养殖场可准备 1~2 台冰柜，保证小杂鱼等动物性饲料长年不断。

二、养殖场规划

一般分为生产区、管理区、疫病防治区和毛皮加工区等。从地势和风向来看，一般管理区在上风向处，取地势较高的地区。疫病防治区一般处于下风向和较低处。为了防止疫病传播，疫病防治区与生产区间隔不少于 300m，并且该区的污水和废弃物要严格处理，防止疫病蔓延。

1. 生产区

生产区包括棚舍、饲料加工室、饲料贮存室、综合技术室、毛皮加工室等。生产区周围要适当植树绿化，既可消除噪声，又有利于防风、防暑、防疫。棚舍应建在生产区的中心，生产区应该安排在适宜位置，在管理区的下风向。粪尿处理池应设在养殖场的一侧，处于下风向，并注意运料道与运粪道不要交叉，以免互相污染发生传染病。

2. 管理区

管理区包括办公室、技术室、消毒室，以及供水、供电、供热等设施放置处。为了便于和外界联系，管理区一般安排在养殖场的最前面，并用围墙和生产区隔开。

3. 疫病防治区

疫病防治区包括兽医室、隔离室等。

4. 毛皮加工区

毛皮加工区是剥取毛皮和进行初加工的场所，设有剥皮、刮油、洗皮、上楦、干燥、验质、贮存等工作场所。

三、棚舍及笼箱设计

1. 水貂

（1）棚舍　一般由石棉瓦、钢筋、水泥和木材等材料构成。标准棚舍一般长 50~100m、宽 3.5~4m、高 1.5~1.8m，棚舍之间的距离为 3.5~4m。

（2）貂笼和窝箱　貂笼是水貂活动、采食、交配和排便的场所。现在市场上有许多专业制作养貂的电镀笼可以定制。笼的规格为：长、宽、高分别为 30cm×46cm×90cm。水貂笼网眼大小要小于 2.5cm×2.5cm，笼要尽量大一些，有利于提高水貂生产性能，满足动物福利要求。

窝箱（小室）是水貂休息、产仔和哺乳的场所，可以由木材、胶合板、粗纸板、塑料或其他材料制成。窝箱规格为：长、宽、高分别为 31.5cm×27.5cm×20cm。干草、稻草、亚麻、切碎的秸秆、柔软的刨花或类似材料具有不同的隔热性能，均可作为筑巢材料。窝箱盖要能够自由开启，方便观察和抓貂。种貂的窝箱在出入口必须有带插销的门，以便于产仔检查，隔离母貂。窝箱出入口要设高出底 5~10cm 的挡板，防止仔貂爬出。

笼箱一般离地面 40cm 以上，笼与笼的间距为 5~10cm，以免相互咬伤。笼箱应装有自动饮水设备及加热设备，保证水貂在冬季也能随时充足的饮水。

2. 狐

（1）棚舍 主要作用是遮挡雨雪和防止夏季烈日暴晒。棚顶材料为角钢、钢筋、木材、砖石、石棉瓦等，一般呈人字形，或者一面呈坡形。用角钢、钢筋、木材、砖石等做成支架，上面加盖石棉瓦、油毡纸或其他遮蔽物进行覆盖。规模狐场棚舍一般高1.5~2m、宽4~5m，长短与饲养量和场院大小成正比，棚间距以3~4m为宜，这样有利于充分采光。人字形棚舍里面可以放置两排笼箱，两排笼箱之间的过道宽度应大于2m，以满足两辆喂食车并排通过，有利于日后的饲养管理。

（2）笼箱 分为笼舍和窝箱两部分，笼舍是运动、采食、排泄的场所，窝箱是休息和产仔的场所。笼箱长不应小于1m，宽不应小于70cm，高80~90cm即可，用14号镀锌电焊网制作，网眼大小为1.5cm×1.5cm。笼舍要留有活动门（25cm×30cm），水盒挂在笼网前侧。

窝箱用木质板材制作，长60~70cm，宽不小于50cm，高45~50cm，要有活动的盖，靠近过道一侧，要留20cm×20cm的小门，以便于清扫和消毒。不能用铁板或水泥板制作窝箱。

制作窝箱的材料很多，只要保证窝箱坚固、严实、保暖、开启方便、容易清洁即可。窝箱上盖可自由开启，顶盖前高后低具有一定坡度，可避免在无棚条件下饲养时积聚雨水漏入窝箱内。种狐窝箱在出入口处必须有带插销的门，以备产仔检查，隔离母狐或捕捉时用。窝箱出入口下方要设高出底部5cm的挡板，防止仔狐爬出。在种狐窝箱内还应设有走廊，里面是产室，以利于产室保温并方便垫草。

3. 貉

（1）棚舍 为开放式建筑，包括棚柱、棚梁、棚顶三部分，要求坚固耐用、便于饲养管理。建造时可就地取材，选用砖石、木材、钢筋、水泥、角铁、石棉瓦等材料。貉棚一般分双坡式（人字形）和单坡式两种。双坡式貉棚高2.0m以上，宽5m（两排笼舍），长度视场地条件和饲养数量确定，间距3~5m以利于充分采光；单坡式貉棚前沿高1.8~2.0m，后沿高1.5~1.7m，棚下放置单排种貉笼箱或双排商品貉笼箱，貉棚宽度根据貉笼箱的规格及摆放方式确定，棚间距为1.2~1.7m。双排笼箱的貉棚两侧放置貉笼箱，中间设1.2m宽的作业道。棚内地面要求平坦、不滑，高出棚外地面20~30cm。棚下或笼箱后设排污沟，棚舍两侧设雨水排放沟，与排污沟并行分开，坡度为1.0%~1.5%。貉棚朝向根据地理位置、地形地势综合考虑，多采取南北朝向。

（2）笼箱 分为笼舍和窝箱两部分，笼舍一般用角钢或钢筋做成骨架，然后用铁丝固定铁丝网片制成。简易的笼舍可仅用铁丝网制成，现在多采用镀锌电焊网制成，貉笼舍的网眼大小不超过3cm×3cm。窝箱可用木材、竹砖等材料制成，保证坚固、严实、保暖、开启方便、容易清扫即可。窝箱上盖可自由开启。种貉窝箱在出入口处必须有带插销的门以备产仔检查、隔离母貉或捕捉时用。窝箱出入口下方要设高出底5cm的挡板，防止仔貉爬出。在种貉窝箱内还应设有走廊，里面是产室，以利于产室保温并方便垫草。种貉笼舍的规格一般为90cm×70cm×70cm，笼舍行距以1~1.5m，间距以5~10cm为好。貉的产箱一般为60cm×50cm×45cm，稍大些会更好。产箱出入口处要高出箱底5cm，出入口直径为20~23cm。皮貉笼舍的规格一般为70cm×60cm×50cm，稍大些会更好。皮貉最好有休息的小木箱，规格一般为40cm×40cm×35cm。在制作笼舍时，往往把皮貉笼舍合二为一，节省笼箱的材料。

（3）圈舍 貉可以圈养，圈舍地面用砖或水泥铺成，四壁可用砖石砌成，也可用铁皮

或光滑的竹子围成，高度为1.2~1.5m，以不跑貉为宜，室内铺砖或水泥，以利于清扫和冲洗，圈内设置窝箱、饮水盆、食盆等。圈舍更加合适饲养皮貉。

幼貉和皮貉的圈舍面积以8~10m^{2}为好，幼貉可集群圈养，饲养密度为1只/m^2，每圈最多养10~15只。为保证毛皮质量，必须加盖防雨、雪的上盖，否则秋雨连绵或粪尿污染，会造成毛绒缠结，严重降低毛皮质量。为防止群貉争食、浪费饲料和污染毛绒，还应采用特制的圆孔、全封闭式的喂食器盛食饲喂。

种貉圈舍饲养密度以3~5只/m^{2}为好，圈舍中要备有产箱（与笼养的产箱相同）。产箱可安放在圈舍里面，也可放在圈舍外面，要求高出地面5~10cm。

第三节　规模化特禽养殖场的设计

一、场址选择

特禽养殖场场址选择应符合兽医防疫和环境保护要求，同时考虑土地利用发展规划和村镇建设发展规划，并通过畜禽场建设环境影响评价，避免在水资源保护区、旅游区、自然保护区等地区建场。充分考虑地势、地形、土质、水源、气候等自然条件，水、电、交通等社会经济条件和卫生防疫条件。

1. 自然条件

（1）地势地形　应选在地势较高、干燥平坦、排水良好、背风向阳的地方。在平原地区场址一般应选在地势较周围高的地方，以利于排水、防潮。在靠近河流湖泊的地区，要选择地势较高的地方，应比当地水文资料中最高水位高1~2m；在山区或丘陵地带建场，应建在稍平的缓坡上，坡面向阳，总坡度不超过25%，建筑区坡度应在2.0%以下。山区建场注意地质构造，注意断层、易滑坡和塌方的地段，同时也要避开坡底、谷底及风口，以免受山洪和暴风雪的袭击。场址所用地块要力求方整，尽量减少线路与管道铺设，做到不占或少占农田。

（2）土质　土壤以沙土为宜，应尽量选择未受污染、透气透水性强、毛细管作用弱、吸湿导热性弱、抗压性强、土质均匀的沙质土壤。禽场施工前，对地段的地质情况应充分调研，了解拟建地区附近的土质情况。

（3）水源　水源包括地表水、地下水和降水等。由于特禽养殖场的用水量较多，除饮用外，还有消毒洗刷、环境的绿化灌溉、夏季的防暑降温及人员的生活用水等。夏季特禽的饮水量增加，每只成年特禽每天的平均饮水量为400~900mL，因此特禽养殖场的用水量应以夏季最大耗水量计算。水质符合农业行业标准NY 5027—2008《无公害食品　畜禽饮用水水质》，要求水外观清新透明、无异味，水中不能含有病原微生物和有毒物质。水源不受场内外条件的污染，不通过特殊处理即可使用。为了防止停电、水泵故障等意外情况发生，如果条件许可，场区内应建有贮水设施，贮水量应能满足全场1~2d的用水量。

（4）气候　包括气温、风力、风向及灾害性天气的情况，如常年平均气温、绝对最高温、绝对最低气温、土壤冻结深度、降雨量与积雪深度、最大风力、常年主导风向、风频率、日照变化。

2. 社会经济条件和卫生防疫条件

（1）交通 由于饲料及物资等需要较大的运输能力，因此场址要求交通便利、路面平坦、排水性好。但又不能设在交通繁忙的要道和河流旁，以减少噪声干扰；也不能设在工厂尤其是重工业厂和化工厂附近，以避免污染。最好距离要道2km左右，距离一般道路50~100m。规模较大的养殖场最好单独修筑道路通往交通要道。

（2）电源 饲料加工、孵化、育雏、照明等均需要电，特别是停电对孵化的影响很大。因此电源必须有保证，最好有专用或多路电源，并做到接用方便、经济等，此外特禽养殖场应自备1台发电机，以保证场内供电的稳定性。

（3）防疫 为便于防疫，特禽养殖场应避开村庄、集市、兽医站、屠宰场和其他禽场，其距离视特禽养殖场规模、粪污处理方式和能力、居民区密度、常年主风向等因素确定，以最大限度地减少干扰和降低污染危害为最终目的。禁止在规定的自然保护区、生活饮用水水源保护区、风景旅游区等地方建场。

二、场区布局

在考虑特禽养殖场规划布局时，要以有利于防疫、排污和生活为原则。尤其应考虑风向和地势，通过特禽养殖场内各建筑物的合理布局来减少疫病的发生和有效控制疫病。还要考虑充分利用地形、原有道路、供水、供电线路及建筑物，在节约土地、满足当前生产需要的同时，做好长远规划。

按照建筑物的功能，特禽养殖场可分为生活与管理区、生产区和隔离区三部分。各区按主导风向、地势高低及水流方向依次排列。如果地势与风向不一致时则以风向为主，或者利用侧风向避开主风向，将要保护的特禽舍建在安全位置。特禽养殖场分区规划的总体原则是人、禽、污三者以人为先、污为后，风与水以风为主的顺序排列。

（1）生活与管理区 包括办公室、技术室、供销室、财务室、车库、门卫室、宿舍等，应靠近大门，与生产区隔开，入场处设有消毒设施。外来人员只能在生活与管理区活动，不得进入生产区。

（2）生产区 孵化室应远离特禽舍，最好在特禽场外单设。生产区从上风向（或高处）至下风向（或低处）按代次应依次安排种禽舍、商品代舍；按特禽的生长期应安排育雏舍、育成舍和成年舍。按规模大小、饲养批次将特禽群分成若干个饲养小区，区与区之间应有一定的隔离距离，并有合适的隔离设施，如林带、池塘等。加工饲料的车间和仓库应靠近禽舍，但车间与禽舍距离要求在100m以上。水禽场设置水池和运动场，鸵鸟和鸸鹋场要设置运动场。

（3）隔离区 包括兽医室、隔离舍及粪污处理场等，是卫生防疫和环境保护工作的重点，设在生产区下风向地势低处，尽量远离特禽舍，与外界接触要有专门的道路相通。

三、设备和用具

特禽养殖场饲养设备和用具与家禽基本相同。

1. 禽笼

小型特禽可进行笼养，根据禽舍面积、饲养密度、机械化程度、管理情况、通风及光照等情况，可将禽笼组装成不同形式。全阶梯式禽笼上下两层笼体完全错开，常见的为2~3

层；半阶梯式禽笼上下两层笼体之间有1/4～1/2的部位重叠，下层重叠部分有挡粪板；层叠式禽笼上下两层笼体完全重叠，常见的有3~4层。

2. 饲喂和饮水设备

饲喂设备包括贮料塔、输料机、喂料机和饲槽。贮料塔在禽舍的一端或侧面。喂料机有链板式喂料机、螺旋弹簧式喂料机、塞盘式喂料机、喂料槽、喂料桶和斗式供料车和行车式供料车等，链板式喂料机应用于平养和各种笼养成年禽舍；螺旋弹簧式喂料机主要应用于平养成年禽舍；喂料槽在平养成年禽时应用较多；斗式供料车和行车式供料车多用于多层禽笼和叠层式笼养成年禽舍。饮水设备包括水泵、水塔、过滤器、限制阀、饮水器及管道设施等，目前常用的为乳头式饮水器。

进行地面平养的特禽，根据特禽品种、地区便利和经济因素等，需要准备饲喂器和饮水器等。

3. 清粪设备

目前主要使用牵引式刮粪机和传送带清粪方式。牵引式刮粪机在一侧有贮粪沟，靠绳索牵引刮粪板，将粪便集中。传送带清粪常用于高密度叠层式上下笼间清粪，粪便可由底网空隙直接落于传送带上。

第二章

特种畜禽体形外貌识别

第一节　鹿类动物体形外貌识别

我国人工饲养的鹿类动物主要为梅花鹿、马鹿及部分驯鹿。2021 年版的《国家畜禽遗传资源品种名录》中除引入品种外共有鹿品种 13 个，其中梅花鹿品种分别为吉林梅花鹿、双阳梅花鹿、西丰梅花鹿、四平梅花鹿、敖东梅花鹿、东丰梅花鹿、兴凯湖梅花鹿、东大梅花鹿，马鹿品种分别为东北马鹿、塔河马鹿、伊河马鹿、清原马鹿，驯鹿品种为敖鲁古雅驯鹿。

一、梅花鹿体形外貌识别

梅花鹿体形中等，体长 1.5m 左右，体重 100kg 左右。眶下腺明显，耳大直立，颈细长。四肢细长，后肢外侧踝关节下有褐色足迹腺，主蹄狭尖，跗蹄小。公鹿有分杈的角，有 4~5 杈，眉枝斜向前伸，第二分枝与眉枝较远，主干末端再分两小枝。梅花鹿冬毛厚密，为褐色或栗棕色，白色斑点不明显。鼻面及颊部毛短，毛尖为沙黄色。从头顶起沿脊椎到尾部有 1 条深棕色的背线或无背线。臀部有明显的臀斑，臀斑边缘为深棕色。腹毛为浅棕色，鼠蹊部为白色。四肢上侧同体色，内侧颜色稍浅。夏毛薄，无绒毛，为红棕色，白斑显著，在脊背两旁及体侧下缘排列成行。腹面为白色，背面为黑色。不同品种的体形外貌特征如下：

1. 吉林梅花鹿

体形中等。体态紧凑俊秀，白斑明显。头较小，头型轮廓清晰，额宽。颜面腺发达，呈裂隙状。眼大明亮，鼻梁平直。耳大，内侧有柔软白毛，外部被毛稀疏。背腰平直，胸宽，体质结实。四肢匀称，主蹄狭尖，跗蹄细小。体色随季节变化而稍有变化。夏毛稀短无绒，为棕红色或棕黄色，体躯两侧分布白色斑块，形状似梅花。伊通型梅花鹿白斑小而密，排列整齐；双阳型、东丰型梅花鹿白斑大而稀疏，排列不规则。大多数吉林梅花鹿背部中间有 2~4cm 宽的棕色或黑色背线，有的由颈部至尾部，色深而明显（如伊通型、抚松型）；有的仅到腰部（如龙潭山型）；有的则不明显（如双阳型）。腹部、四肢内侧毛为浅灰黄色。臀斑大而有黑色毛圈；尾毛背部为黑棕色，腹缘为白色，受惊时尾毛张开呈白色扇形。伊通型梅花鹿喉斑大而白。冬毛厚密，为棕褐色，白斑颜色暗，不及夏季明显。公鹿有鬣毛。鹿角柄粗圆、端正，茸皮呈红褐色、黄褐色，少有黑褐色，茸毛纤细。

2. 双阳梅花鹿

体形中等。全身结构紧凑结实，头呈楔形，额宽平。躯体呈长方形，四肢略短，腹围较大，腰部平直，臀圆尾短。公鹿头呈楔形，额宽平，鼻梁平直，眼大，目光温和，耳大小适中，耳壳被毛稀短；母鹿头清秀，额面部狭长，耳较大、直立、灵活，鼻梁平直，眼大。公鹿颈比母鹿颈粗壮，配种季节公鹿颈部明显变粗。稍有肩峰，肌肉发达坚实，背长宽、平直。四肢强健直立，关节灵活，与躯干连接紧密，管围粗，蹄形规整，角质坚韧光滑无裂纹。夏毛稀短，呈棕红色或棕黄色，梅花斑点洁白，大而稀疏，背线不明显，臀斑边缘生有黑色毛圈，内有洁白长毛，略呈方形。喉斑较小，距毛呈黄褐色，腹下和四肢内侧被毛较长，呈浅灰黄色。冬毛呈灰褐色，密而长，质脆。角柄距窄，鹿茸主干向外伸展，中部略向内弯曲，茸皮呈红褐色，主干粗，眉枝粗长。

3. 西丰梅花鹿

体形中等。体躯较短，体质结实，有肩峰，裆宽。胸围和腹围大，四肢较短而粗壮。腹部略下垂，背宽平，臀圆，尾较长。头方正，额宽，眼大，嘴巴短。母鹿黑眼圈明显，公鹿角柄距宽。夏毛为浅橘黄色，无背线，花斑大而鲜艳，极少部分被毛为浅橘红色。四肢内侧、腹下被毛为灰黄色。公鹿冬毛为灰褐色，有鬣毛。角基距宽，茸主干和嘴头粗长肥大，眉枝较细短，眉二间距很大。

4. 四平梅花鹿

体形中等。体质紧凑结实，公鹿头部轮廓清晰明显，额宽，面部中等长度；眼大明亮，鼻梁平直，耳大。夏毛多为赤红色，少数为橘黄色，大白花，花斑明显整洁，背线清晰。头颈与躯干衔接良好，鬐甲宽平，背长短适中，平直。四肢粗壮端正，肌肉充实，关节结实，蹄质呈灰黑色，端正坚实。尾长适中，尾毛背侧呈黑色。角柄粗圆端正，茸主干粗短，多向侧上方伸展，嘴头粗壮、上冲，呈元宝形。

5. 敖东梅花鹿

体形中等。体质结实，体躯圆粗，胸宽而深，胸围较大，背腰平直，臀丰满，无肩峰，四肢较短。头方正，额宽平，耳大小适中，目光温和，眼大无眼圈，颈短粗，尾长中等。夏毛多为浅赤褐色（母鹿较公鹿毛色稍浅）。颈、腹和四肢内侧的毛色较浅，但与体毛颜色基本一致。梅花斑点均匀而不十分规则，大小适中。臀斑明显，背线不明显，喉斑不明显，有不明显的黑鼻梁，距毛较高；冬毛密长为灰褐色，梅花斑点不明显；颈毛发达，为深褐色。茸主干圆，稍有弯曲，粗细上下匀称，嘴头较肥大，眉枝短而较粗、弯曲较小、细毛红地。角柄距较宽，角柄围中等，角柄低而向外侧斜。

6. 东丰梅花鹿

体形中等。夏毛为棕黄色，颈、腹和四肢内侧的毛色较浅，梅花斑点中等大小，臀斑白色、明显，周边黑圈不完整，背线多数不明显。成年公鹿具有喉斑，冬毛密长为灰褐色，梅花斑点不明显，颈毛发达为深褐色。结构匀称，体质结实，腰背平直。公鹿头方正，额宽，喉斑白色且明显，角对称呈元宝形；母鹿头清秀，喉斑不明显，耳立且较大。公、母鹿夏毛多为棕黄色，少数为橘黄色，大白花，花斑明显整洁。头颈部与躯干衔接良好，肩甲宽平，背长短适中。四肢粗壮端正，肌肉充实，关节结实。蹄质呈灰黑色，端正坚实。尾短，尾毛背侧呈黑色。茸主干粗短，茸体弯曲较小，具有“根圆、挺圆、嘴头圆”特征，嘴头粗壮上冲；茸皮呈红黄色，色泽光艳。

7. 兴凯湖梅花鹿

体形较大。体质结实，体躯粗圆，全身结构紧凑。公鹿胸深宽，腰背平直；头较短，额宽清秀，尾短。夏毛为棕红色，体侧花斑较大而清晰，靠背线两侧的花斑排列整齐，沿腹缘的3~4行花斑排列不整齐。腹部被毛为浅灰黄色，背线为黄色及灰黑色。臀斑明显，两侧有黑色毛圈，内有白毛。尾背毛色为黑褐色，尾尖为黄色；喉斑为灰白色，距毛为黄褐色。角柄距窄，圆粗端正；茸主干短粗，嘴头呈元宝形，眉二间距近，眉枝短。

8. 东大梅花鹿

体形中等偏小。体质紧凑、结实。公鹿额宽平，头稍短，颈短粗，高鼻梁，目光温和，胸宽深，腹围大，背腰平直；母鹿额宽，胸深，腹围大，臀宽。夏毛多呈无背线的棕红色，斑点分布较匀称，臀斑明显，喉斑为灰白色。冬毛为灰褐色。角柄端正，角基小；鹿茸上冲、肥嫩，主干长、圆，眉枝短粗，弯曲较小，茸皮为多杏黄色。

二、马鹿体形外貌识别

体形较大。体长2m，体重超过200kg。肩高大于1m，背平直，肩部与臀部高度相等。鼻端裸露，耳大呈圆锥形。颈长约占体长的1/3，颈下被毛较长。四肢长，两侧蹄较长，能触及地面。尾短。公鹿有角，眉枝向前伸，与主干成直角或钝角，主干稍向后略向内弯，角面除尖端外均较粗糙，角基有瘤状突。冬毛为灰褐色。嘴、下颌为深棕色，颊为棕色，额部为棕黑色。耳外为黄褐色，耳内为白色。颈部与身体背面稍带黄褐色，有黑棕色的背线。四肢外侧为棕色，内侧毛色较浅。臀部有黄赭色斑。夏毛较短，没有绒毛，呈赤褐色或青色。不同品种的体形外貌特征如下：

1. 东北马鹿

体形大。夏毛为赤褐色，稀短无绒；冬毛为棕褐色，厚密。腹部及四肢内侧被毛为黄灰色，细软，少数马鹿有深色背线。额毛为棕色，粗长；鬣毛为棕褐色，粗长。臀斑为黄色，大而圆，尾扁而粗短，尾毛稀短仅遮住肛门，阴户外露。初生仔鹿白色花斑明显，第一次换毛时白斑消失。躯干平直，颈长占体长的1/3。头呈楔形，颜面腺发达，口角周围及下唇为黑色，下唇两侧有对称的黑色斑块。四肢细长，强健有力，蹄大而圆。茸角的分生点较低，为双门桩，眉枝、冰枝的间距很近，主干和眉枝较短，茸质较瓷实，枝头较瘦小，茸毛为灰褐色、较密，茸皮为棕褐色或暗褐色，茸表面油脂较多。角第一分枝与第二分枝距离近，具有种的特征；第三分枝（中枝）与第二分枝距离远。

2. 塔河马鹿

体形中等。体躯较短。体形紧凑结实，喜昂头，肩峰明显，头清秀，鼻梁微突，眼大机警，眼虹膜为黑色，耳尖。角柄间距大，眼轮周围有灰黄色毛圈，口轮周围有稀疏的触须，下唇为白色，口角下缘有对称的黑斑，颈短粗，鬣毛短。驻立时昂头，耳灵活，视觉较差。腰平直，四肢强健。斜尻，尾扁平、短粗。公鹿包皮前有一绺长毛，母鹿外阴裸露1/3。夏毛为深灰色，间有沙毛；冬毛为浅灰色，背线为黑色。背两侧毛色较深，颈、腹下、四肢内侧被毛为浅白色。臀斑为黄白色，向下延伸到股内侧。臀斑外围有由背线延伸下来的黑色毛圈。尾背被毛为黄白色。茸主干粗圆，有单、双门桩两种，公鹿角多为5~6个杈，角基距窄，嘴头肥大饱满，眉枝、冰枝间距较近，茸型规整，单门桩率很低，茸毛为灰白色、密长。

3. 伊河马鹿

体形大。体质结实，公鹿头大，额宽，稍凹；母鹿头中等。眼圆、黄而明亮，耳薄、短小、灵活，耳背被毛色深稀疏，耳内被毛灰白柔密。鼻直，鼻镜宽而黑。颈略长粗，鬐甲宽长，腰背平直，胸宽深，荐宽、长而平，尾短小，四肢干燥，关节明显，蹄坚实。皮肤薄，弹性好。夏季背部、肢侧被毛呈赤褐色。喉部、四肢内侧被毛为苍白色，臀斑为浅黄色。冬季背线为灰黑色，臀斑为橙色，老年鹿毛色较深。茸角的主干、眉枝、嘴头粗长，常见到一些铲形或掌状的四杈茸。成角多为7~8个杈，茸毛为灰黑色或灰白色，

4. 清原马鹿

体形较大。体质结实，体躯粗、圆、较长，四肢粗壮端正，蹄坚实，胸宽深，腹围大，背平直，有肩峰，臀圆，尾较短，全身结构紧凑。头较长，额宽平，鼻梁多不隆起，眶下腺发达，口角两侧有对称黑色毛斑，角基较宽。夏毛被毛为棕灰色，头部、颈部和四肢为深灰色。成年公鹿大多数有黑色或浅黑色背线；成年母鹿的臀斑为浅黄色，臀斑周缘为黑褐色。冬季时颈毛发达，有较长的灰黑色鬃毛。角柄粗圆端正。鹿茸主干较长，粗圆上冲，嘴头肥大。

三、敖鲁古雅驯鹿体形外貌识别

体形中等。头长，嘴粗，唇发达，耳短形似马耳，眼较大，泪骨狭长，无泪窝。颈短粗，下垂明显，鼻镜甚至连鼻孔在内都生长着绒毛。尾短，主蹄圆大，中央裂缝很深，跗蹄较大，行走时能接触地面。毛色变异较大，从灰褐色（86.6%）、白花色（4.2%）到纯白色（9.2%）。从整体上看，体色还有“三白二黑”的特点，即小腿、腹部及尾内侧为白色，而鼻梁和眼圈为黑色。公、母鹿均有角，母鹿茸角比公鹿茸角小，分枝也小。角形的特点是分枝复杂，两眉枝从茸根基部向前分生，呈掌状，第二分枝（中枝）以后各分枝均从主干向后分出，各分枝上分生出许多小分枝。茸主干扁圆；茸质松嫩，茸的鲜干比例高；茸毛密长，为灰白褐色或银蓝色，与体毛的颜色一致。

第二节 毛皮动物体形外貌识别

目前，我国主要饲养的水貂品种多为20世纪90年代从丹麦引进的银蓝色水貂、咖啡色水貂和红眼白水貂，以及从美国引进的短毛黑水貂。另外，通过引进国外品种，自行培育的品种有吉林白水貂、金州黑色十字水貂、山东黑褐色标准水貂、东北黑褐色标准水貂、米黄色水貂、金州黑色标准水貂、明华黑色水貂、名威银蓝水貂，填补了本土水貂品种的空白。还有少部分彩色水貂。狐主要饲养品种为赤狐、银黑狐和北极狐。貉主要饲养品种为乌苏里貉和吉林白貉。

一、水貂体形外貌识别

1. 培育品种

（1）吉林白水貂 背腹毛一致，为白色。公貂头圆大，略呈方形；母貂头纤秀、略圆。嘴略钝，眼睛为粉红色，体躯粗大而长。毛色均匀一致，被毛丰厚灵活，光泽较强，针毛平

齐，分布均匀，毛峰挺直。

（2）金州黑色十字水貂 头型轮廓明显，面部短窄，嘴唇圆，鼻镜湿润，眼圆而明亮，耳小且直。公貂头型粗犷而方正；母貂头小纤秀，略呈三角形。颈短、粗、圆，肩、胸部略宽，背腰略呈弧形，后躯丰满、匀称，腹部略垂。四肢短小、粗壮，前后足均具有五趾，趾间有微蹼，爪尖利而弯曲，无伸缩性。尾细长，尾毛蓬松。皮毛有黑、白两色，颌下、颈下、胸、腹、尾下侧、四肢内侧和肢端的毛为白色；头、背线、尾背侧和体侧的毛黑白相间，并以黑毛为主；头顶和背线中间均为黑毛，肩侧黑毛伸展到两侧前肢，呈明显的黑十字特征。绒毛为白色，但在黑毛分布区内，绒毛为灰色，耳为黑褐色，眼睛为深褐色。毛色纯正，毛绒丰厚而富有光泽，被毛丰厚灵活，针毛平齐而毛峰挺直。

（3）山东黑褐色标准水貂 绒毛稍浅，背腹毛色趋于一致；个别个体下颚有白斑或少量白针；针毛基本平齐；光泽性较好，毛丰厚，柔软致密。头型较圆且大，嘴略短，嘴唇圆，鼻镜有纵沟，眼圆而明亮，耳小。公貂体形较粗犷而方正，结实；母貂体形小较纤秀，略呈三角形。颈短、粗、圆，肩、胸部略宽，背腰略呈弧形，后躯丰满、匀称，腹部略垂。

（4）东北黑褐色标准水貂 头型稍宽大，呈楔形，嘴略钝，鼻镜乌黑褐色占60%左右，体躯粗大而长，全身毛为深黑色，背腹毛色一致，底绒为深灰色，少量个体下颌有白斑，全身无杂毛；全身毛色基本一致，呈现黑褐色，具有良好的光泽，优良的个体毛色近似于黑褐色，针毛平齐，光亮灵活，绒毛丰厚，柔软致密。

（5）米黄色水貂 被毛为浅黄色，个别的色调较浅，为奶油色，尾部的毛色稍深。头型圆长，嘴略尖。眼睛棕黄色居多，个别为粉红色。公貂头型较粗犷而方正；母貂头型小而纤秀，略呈三角形。颈短、粗、圆，肩、胸部略宽，背腰略呈弧形，后躯丰满、匀称，腹部略垂。体躯粗而长。耳小，有短的浅黄色绒毛，听觉敏锐，乳头6~8个。体质健壮。公貂的利用率高，母貂的母性好，泌乳力强。

（6）金州黑色标准水貂 体形大。毛绒品质优良，毛深黑色，背腹毛色一致，毛绒长度差别不明显，下颌无白斑，全身无杂毛，光泽感强。

（7）明华黑色水貂 体躯大而长，头稍宽大、呈楔形，嘴略钝，毛深黑色，光泽度强，背腹毛色一致，针毛短、平齐、细密，绒毛丰厚，柔软致密。

（8）名威银蓝水貂 头稍宽大、呈楔形，嘴略钝，全身被毛为金属灰色，底绒为浅灰色，针毛平齐，光亮灵活，绒毛丰厚，柔软致密。

2. 部分彩色水貂

（1）美国短毛黑水貂 被毛短而黑，光泽感强，全身毛色一致，无杂毛，毛峰平整、分布均匀、有弹性。

（2）加拿大黑色标准水貂 与美国短毛黑水貂相似，毛色不如美国短毛黑水貂深，体躯较紧凑，体形修长，背腹毛色不相同。

（3）丹麦标准色水貂 与金州黑色标准水貂体形相近，被毛为黑褐色，针毛粗糙，针绒毛长度比例较大，背腹部毛色不一致。

（4）丹麦深棕色水貂 针毛为黑褐色，绒毛为深咖啡色，并且毛色会随着光照角度和亮度的变化而变化。其体形与金州黑色标准水貂相似。丹麦浅棕色水貂体形较大，针毛为深棕色，绒毛为浅咖啡色。

（5）咖啡色水貂 被毛为浅褐色或深褐色，体形较大，体质好，个别貂会出现歪脖、

被毛粗糙的现象。

（6）蓝色水貂　被毛为金属灰色，接近于天蓝色，皮毛品质佳。

（7）珍珠色水貂　体形较大。被毛为棕灰色，眼为粉红色。

（8）红眼白水貂　被毛为白色，眼为粉红色。

（9）十字水貂　黑十字水貂毛色特征为黑白相间，黑色被毛在背部和肩部构成明显的黑十字图案，毛绒浓密而富有光泽，针毛平整，针绒毛层次分明。彩色十字水貂在各种彩貂的基础上头背部兼具黑十字水貂的黑褐色色斑。

二、狐体形外貌识别

我国人工饲养的狐包括赤狐、银黑狐和北极狐，均为引进品种。

1. 赤狐

身体细长，颜面细长，嘴巴尖长，耳大且直立，四肢细长，尾长。典型赤狐体背毛为赤褐色，头部为灰棕色，耳背面为黑色或黑棕色，唇部、下颌至前胸部为暗白色，体侧略带黄色，腹部为白色或黄色。四肢颜色比背部略深，外侧具有宽窄不等的黑褐色纹。尾毛蓬松，尾上部毛色为红褐色带黑色，尾尖为白色。

2. 银黑狐

体形与赤狐相仿，头部较长，吻长，耳直立、倾向两侧，眼睛圆大、明亮，鼻孔大、轮廓明显，鼻镜湿润。颈部和躯干协调，肌肉较发达，胸深而宽，背腰长而宽直；四肢粗壮，伸屈灵活，后肢长，肌肉紧凑。尾呈宽的圆柱形，末端为纯白色。全身被毛均匀地掺杂白色针毛，绒毛呈灰黑色。每根针毛颜色均分为三段，即毛尖黑色，靠近毛尖的一小段为白色，根部呈灰黑色。吻部、双耳背面、腹部、四肢均为黑色，背部、体侧为黑白相间的银黑色。嘴角、眼周围有银色毛，形成“面罩”。

3. 北极狐

体形大、修长，胸宽而圆，四肢较银黑狐短，吻短宽，耳宽圆。毛绒丰足、细软稠密，针毛平齐、分布均匀，被毛为均匀的浅蓝色。背腰长而宽直，臀部宽圆，肌肉发达，尾呈宽圆柱形。毛绒颜色与全身一致。北极狐属彩狐，我国饲养的主要为白色北极狐和阴影狐。

三、貉体形外貌识别

我国人工饲养的貉包括地方品种乌苏里貉和培育品种吉林白貉。

1. 乌苏里貉

体形短粗；头部嘴尖吻钝，两侧有侧生毛；尾短，毛长而蓬松；四肢短而细。趾行性，前足5趾，第一趾退化，短而不能着地；后足4趾，缺第一趾。前、后足均具有发达的趾垫，无毛；爪粗短，与犬科其他属动物一样，不能伸缩。吻部为灰棕色，两颊横生有浅色长毛，毛稀疏；眼的周围（尤其是眼下）生有黑色长毛，突出于头的两侧，构成明显的八字形黑纹，常向后伸延到耳下方或略后；背毛基部呈浅黄色或带橙黄色，针毛尖端为黑色；两耳周围及背毛中央掺杂有较多的黑色针毛梢，从头顶直到尾基或尾尖形成界线不清的黑色纵纹；体侧毛色较浅，呈灰黄色或棕黄色；腹部毛色最浅，呈黄白色或灰白色，绒毛细短，且没有黑色毛梢；四肢毛的颜色较深，呈黑色或咖啡色，也有黑褐色的；尾的背面为灰棕色，中央针毛有明显的黑色毛梢，形成纵纹，尾腹面毛色较浅。吻鼻部较短，由眶前孔到吻端的距离等于齿间宽，从侧面看前额部略向下倾斜。鼻骨较窄，向后延伸至上腭骨，眶后突较尖，人字嵴突出，上枕骨中部的纵嵴明显，矢状嵴明显向前伸展到眶后突的背缘。听泡较突，两侧听泡距离近。上颌门齿排成弧形，齿尖内侧有一小叶，前臼齿为单峰，下颌第四对前臼齿尖后有一尖。其他齿与上颌对应相同。齿式为 40 枚或 38~42 枚。

家养乌苏里貉根据毛色变异，可大体归纳如下几种类型：

(1) 黑毛尖、灰底绒 特点为黑色毛尖的针毛覆盖面大，整个背部及两侧呈现灰黑色或黑色，底绒呈灰色、深灰色、浅灰色或红灰色。

(2) 红毛尖、白底绒 特点为红色毛尖的针毛覆盖面大，外表多呈红褐色，严重者类似草狐皮或浅色赤狐皮，吹开或拨开针毛，可见到白色、黄白色或黄褐色底绒。

(3) 白毛尖 特点为白色毛尖十分明显，覆盖面很大，与黑色毛尖和黄色毛尖相混杂，其整体趋向白色，底绒呈灰色、浅灰色或白色。

2. 吉林白貉

被毛颜色从表型上看有两种：一种是全身被毛均呈均匀一致的纯白色，针、绒毛从尖部至根部也为纯白色，眼为棕黄色或浅蓝色，或呈一黄一绿的鸳鸯眼；另一种是鼻尖、眼圈、耳缘、四爪和尾尖呈普通色貉的颜色，身体其余地方的针、绒毛均呈白色，眼多为褐色。吉林白貉被毛长而蓬松，底绒略丰厚。背部针毛长 9~12cm、绒毛长 6~8cm。两种类型的白貉体形和被毛品质均与普通貉相似。

第三节　特禽体形外貌识别

本书主要介绍收录于 2021 年版的《国家畜禽遗传资源目录》的雉鸡、火鸡、珍珠鸡、鹧鸪、鸵鸟、鸸鹋、绿头鸭和番鸭。

一、雉鸡体形外貌识别

主要介绍地方品种中国山鸡和天峨六画山鸡，培育品种左家雉鸡和申鸿七彩雉，引进品种美国七彩雉鸡，还有少部分饲养的引进资源黑化雉鸡（孔雀蓝雉鸡）和白羽雉鸡。

1. 中国山鸡

体形较大，饱满。羽毛华丽，前额及上嘴基部羽毛为黑色；头顶及枕部为青铜褐色，两侧有白色眉纹，眼周及颊部皮肤裸出，呈绯红色；颈下方有一白色颈环（白环在前颈有的中断，有的不中断）；背部羽毛为黑褐色，胸部呈带紫的铜红色；腹部为黑褐色，尾下覆羽为栗色，翅下覆羽为黄色，并杂以暗色细斑。母雉体重 1. 30kg 左右，体长 15cm 左右，体羽为黑色、栗色及沙褐色混杂；头顶为黑色，具有栗沙色斑纹；后颈羽基为栗色；翅为暗褐色，具有沙褐色横斑；背中部羽毛为黑色；下体为浅沙黄色，并杂以栗色；喉部为纯棕白色，两胁具有黑褐色横斑。头大小适中，颈长而细，眼大灵活，喙短而弯曲；胸宽深而丰满，背宽而直，腹紧凑有弹性；骨骼坚固，肌肉丰满。

2. 天峨六画山鸡

体躯匀称，尾羽笔直。冠不发达，皮肤为粉红色，胫、趾、喙为青灰色。耳羽发达直立，脸为绯红色，颈部羽毛为墨绿色，胸部羽毛为深蓝色，背部羽毛为蓝灰色，有金色镶

边，腰部羽毛为土黄色，尾羽为黄灰色，排列着整齐的墨绿色横斑。母雉羽毛主色为黑褐色，间有黄褐色斑纹，头部、颈部羽毛略带棕红色，腹部羽毛为褐色略带灰黄色，有斑纹。雏雉绒毛主色为黑褐色带白花，背部有条纹。

3. 左家雉鸡

胸部丰满，胫骨短小，体形钝圆。公雉眼眶上方有1对清晰白眉，颈部为黑绿色，颈下部有1条较宽且不太完整的白环，在颈腹部有间断；胸部为红铜色，上体为棕褐色，腰部为草黄色；母雉上体为棕黄色，下体近乎白色，背部羽毛为棕黄色或沙黄色，腹部羽毛为灰白色。毛色介于中国山鸡和河北亚种雉鸡之间。

4. 申鸿七彩雉

公雉眼周和脸颊裸区为鲜红色，喙为灰白色；头颈部羽毛为墨绿色带紫色光泽，颈基部有白色颈环；背部靠颈环为红褐色有黑斑，腰荐部、翼绛为红色，羽尖带白斑；胸部为红褐色、有光泽；腹部为棕黄色，两侧带黑斑；尾羽长，黄灰色；胫为灰褐色，有短距；皮肤为浅黄色。母雉喙为青灰色；下颌部为灰白色；头顶及颈部为栗色，有光泽；背部、翼为麻栗色；胸腹部为浅黄色；尾羽长，为麻栗色；胫为灰褐色；皮肤为浅黄色；蛋壳颜色90%以上为橄榄色。雏雉全身绒羽棕黄色，有3条黑色或棕色背线，其中中间一条从头至尾，眼周和脸颊浅黄色，胫粉红色。

5. 美国七彩雉鸡

公雉头羽为青铜褐色，带有金属闪光。头顶两侧各有1束青铜色眉羽，两眼睑四周布满红色皮肤，两眼上方头顶两侧各有白色眉纹。虹膜为红栗色。睑部皮肤为红色，并有红色毛状肉柱突起，稀疏分布着细短的褐色羽毛。颈有白色羽毛形成的颈羽环，在胸部处不完全闭合，不闭合处为非白羽段，非白羽段横向长度为2.7cm左右。胸部羽毛为铜红色，有金属闪光。背羽为黄褐色，羽毛边缘带黑色斑纹。背腰两侧和两肩及翅膀羽毛为黄褐色，羽毛中间带有蓝黑色。尾羽为黄褐色，并具有黑色横斑纹，主尾羽4对。喙浅灰色，质地坚硬。胫、趾为暗灰色或红灰色，胫下段偏内侧长有距。母雉头顶为米黄色或褐色，具有黑褐色斑纹。眼四周分布浅褐色睑毛，眼下方为浅红色。颈部羽毛浅栗色，后颈羽基为栗色，羽缘为黑色。胸羽为沙黄色。翅膀暗褐色，有浅褐色横斑，上部分为褐色或棕褐色，下部分为沙黄色。喙暗灰色。胫、趾灰色，5月龄以后胫上段偏内侧处长距。

6. 黑化雉鸡（孔雀蓝雉鸡）

公雉全身羽毛为黑色，头顶、背部、体侧和肩羽、覆羽均带有金绿色光泽，颈部带有紫蓝色光泽。母雉全身羽毛为黑橄榄棕色。

7. 白羽雉鸡

全身羽毛为纯白色，体形较大，体态紧凑，风韵多姿，面部皮肤和两边的垂肉呈鲜红色，耳羽两侧后面的两簇白色羽毛向后延伸。公雉头顶、颈部和身体各个部位羽毛均为纯白色，虹膜为蓝灰色，面部皮肤为鲜红色。母雉除缺少鲜红色的面部和肉垂及尾部羽毛较短外，其余部位羽毛均与公雉相同。

二、火鸡体形外貌识别

主要包括地方品种闽南火鸡，引进品种和配套系青铜火鸡、尼古拉火鸡、BUT火鸡和贝蒂纳火鸡。

1. 闽南火鸡

体躯长，呈纺锤形，胸深宽、丰满，龙骨长而平直。头部和颈上部几乎无毛或有些细毛，喙微弯曲，尖端角质为黄色，基部为深咖啡色。眼圆，眼结膜为棕色，瞳孔为黑色。耳圆，周围有密集的细毛，无耳叶。颈细而直，脚长且粗壮，尾羽发达，似倒三角形，末端平整。皮肤为浅红色或浅黄色。羽色以青铜色最多（羽尾端有一白色条纹），黑白杂花次之，浅黑色和白色最少。成年公鸡头部皮肤为青铜色，在上额部、耳根后和咽下方长有珊瑚状皮瘤，其颜色可随公鸡情绪的变化而出现红色、紫色、青色、绿色、黄色、白色、蓝色等变化，故有“七色鸟”之称。在颈下方嗉囊前方有一小肉阜，长着一小撮灰黑色卷曲硬毛。兴奋时，全身羽毛竖立，尾羽呈扇形展开，额上皮瘤变色，并伸长变成扁长形。平时皮瘤柔软，垂盖于喙上，超过喙尖。成年母鸡羽毛颜色与成年公鸡相似，但略浅，皮瘤不发达，也不伸缩，颈部无肉阜，身躯比公鸡小。

2. 青铜火鸡

个体较大。胸部较宽，羽毛为黑色，带红绿色古铜光泽。颈部羽毛为深青铜色，翅膀末端有狭窄的黑斑，背羽有黑色边，尾羽末端有白边。雏鸡腿为黑色，刚孵出的雏鸡头顶有3条互相平行的黑色条纹，成年火鸡为粉红色。公鸡胸前有黑色须毛，头上的皮瘤由红色到紫白色，颈部、喉部、胸部、翅膀基部、腹下部羽毛为红绿色并发出青铜光泽。翅膀及翼绒下部及副翼羽有白边。母鸡两侧翼尾及腹上部有明显的白色条纹。喙部为深黄色，基部为灰色。

3. 尼古拉火鸡

全身羽毛为白色，从大型青铜火鸡的白羽突变型中经40余年培育而成。

4. BUT 火鸡

有大、中、小3个品系。白羽、宽胸。大型品系接近尼古拉火鸡。

5. 贝蒂纳火鸡

有白羽和黑羽2种，公系为黑羽，母系为白羽。

三、珍珠鸡体形外貌识别

我国饲养的珍珠鸡均为引进品种。外貌似母孔雀，头部清秀，头顶有尖端向后的红色肉锥（为角质化突起，称为头盔或盔顶），脸部为浅青色，颊下部两侧各长一红色的心叶状肉髯；喙大而坚硬，喙端尖，喙基有红色软骨性的小突起。喉部具有软骨性的三角形肉瓣，为浅青色。颈细长，头至颈部中段被有针状羽毛。足短，雏鸡足为红色，成年后为灰黑色。体形圆矮，尾部羽毛较硬略向下垂。公鸡羽毛颜色与母鸡相同，其他特征也相似，两性最明显的区别是：母鸡肉髯小，为鲜红色；公鸡肉髯较发达，但粗糙，颜色没有母鸡鲜红。雏鸡外观特征与鹌鹑相似，重约30g，全身羽毛为棕褐色，背部有3条深色纵纹，腹部颜色较浅，喙、腹部均为红色。到2月龄左右羽毛颜色开始发生变化，棕褐色羽毛被有珍珠圆点的紫灰色羽毛逐渐代替，头顶长出深灰色坚硬的角质化盔顶，颈部肉髯逐渐长大，喙、足颜色也变为深褐色。

四、鹧鸪体形外貌识别

目前我国人工饲养的品种主要为引进品种美国鹧鸪。体形小于鸡而大于鹌鹑，体形圆胖

丰满，全身羽毛颜色十分艳丽。头顶为灰白色，前额、双眼一直到颈部，连喉下有1条黑色带状，形成网兜状。体侧有深黑色条纹。双翼羽毛基部为灰白色，羽尖有两条黑色条纹，体侧双翼有多条黑纹。胸、腹为灰黄色。喙、眼、脚均为鲜红色，公、母鹧鸪羽色外貌很难分辨。公鹧鸪比母鹧鸪体形大，头部大而宽，颈短；公鹧鸪双脚有距，母鹧鸪距较小，且只长在单脚上。产蛋时还要进行一次换羽，羽色变得更加鲜艳。雏鹧鸪出壳时的毛色似鹌鹑，但随日龄的增长，绒毛脱落换上黄褐色的羽毛，羽毛伴有黑色长圆斑点，2周龄后再次换羽成灰色。喙、脚、眼圈出现橘红色，以灰褐色为基色，并掺杂褐色。

五、鸵鸟体形外貌识别

我国饲养的鸵鸟主要为引进品种非洲黑鸵鸟、红颈鸵鸟和蓝颈鸵鸟。

1. 非洲黑鸵鸟

体形较小，颈和腿较短，喙较短，体躯相对宽厚。足有两趾，成年雄鸟颈为灰黑色，颈部绒毛较多，体羽为黑色，翅尖处羽毛为白色，尾羽为白色。羽毛蓬松，质量好，羽毛顶端半圆形，皮肤为深青色。成年雌鸟全身羽毛为浅灰褐色，翼尖及尾部的大羽毛有白色的、灰色的。雌鸟体躯丰满浑圆，颈、脚细长，繁殖期腹部饱满柔软；裸露的皮肤为灰白色，在繁殖季节也不发生变化；体高和体重均低于雄鸟。雏鸟有刺状浅黄色软毛，尖端黑色，沿颈侧有数行黑点，3月龄后，羽毛逐渐似成年雌鸟。雄鸟的黑羽大约在11月龄开始出现。12月龄体重为89~94kg，成年雄鸟体高2.4m，成年雌鸟体高1.9m。

2. 红颈鸵鸟

体形最大，头小，颈长。眼大有神，正常站立时前胸宽大，背驼，后腹部略下垂丰满，侧面看呈前宽后窄的梯形状，足有两趾。成年雄鸟颈部绒毛少，颈上有一白环，身躯下及腿部裸露皮肤的面积较大。皮肤和颈部为红色或粉红色，在繁殖季节变为鲜红色。成年雄鸟体羽为黑色，羽毛顶端较尖，胸前羽毛呈丝状。头顶有短小羽毛并掺杂有稀疏的针毛，颈部羽毛是小绒毛，翼尖及尾部羽毛为白色大羽毛，长40~50cm。繁殖期雄鸟的生殖器囊膨大，无皱纹，交配器长20cm。成年雌鸟全身羽毛为灰白色，比非洲黑鸵鸟雌鸟的羽色浅且羽片较长。头颈的小羽毛及针毛与雄鸟相同。翼尖及尾部的大羽毛有白色、灰色，也有白色与灰色掺杂的。雌鸟的体躯丰满浑圆，颈、脚细长，繁殖期腹部饱满柔软；裸露的皮肤为灰白色，在繁殖季节不会发生变化。雏鸟的羽毛与其他品种一样，头顶为褐色，颈部和下腹是浅褐黄色的丝状羽毛。背部是黑色、褐色、浅褐色的丝状羽毛，并间有白色条状小毛。在颈部的背面从头枕部至颈基有3条黑色带，正中的一条黑色带比较完整，两侧的两条黑色带有间断或有宽窄。头顶及颈部的腹侧面有如豹斑样的不规则黑色斑块或斑点羽毛。3月龄时白色条状小毛开始减少或消失；4月龄时翼尖开始长出黑色大羽毛；5月龄时全身背部羽毛完全换为黑色与褐黄色相间的片状羽毛。成年雄鸟体重140~185kg，体高可达2.8m；成年雌鸟体重125~135kg。

3. 蓝颈鸵鸟

体形较大，颈长，头小，头部有针状毛。成年雄鸟颈为蓝灰色，颈部绒毛相对较少，颈基部有白环，体羽为黑色，但羽毛顶端较尖，翼尖及尾部的大羽毛有白色的、灰色的，也有白色与灰色掺杂的，羽毛质量中等，皮肤为浅青色。成年雌鸟体形比雄鸟小，全身羽毛为浅灰褐色。雌鸟体躯丰满浑圆，颈、脚细长，繁殖期腹部饱满柔软。裸露的皮肤为灰白色，在繁殖季节也不发生变化。体高和体重均低于雄鸟。雏鸟的头顶羽毛是褐色的，颈部和下腹是浅褐黄色的丝状羽毛，背部是黑色、褐色、浅褐色的丝状羽毛，并间有白色条状小毛。在颈部的背面从头枕部至颈基有三条黑色带，正中的一条黑色带比较完整，两侧的两条黑色带有间断或有宽窄。头顶及颈部的腹侧面有豹斑样的不规则黑色斑块或斑点羽毛。

六、鸸鹋体形外貌识别

鸸鹋为引进品种。体形大。与鸵鸟共有特点是翼退化、胸骨不具，龙骨突起，不具有尾综骨及尾脂腺，羽毛均匀分布（无羽区及裸区之分）、羽枝不具有羽小钩（因而不形成羽片），喙扁平而阔，眼睛黄色，体羽为灰褐色，足具有3趾且均向前。两性体形及体色相近，成年雌鸟体形比雄鸟大。雄鸟具有发达的交配器官。雏鸟有一个羽毛蓬松的头，身上有棕黄色的条纹，3个月后条纹淡化消失。成年雌鸟体重35~45kg，背长55~65cm；成年雄鸟体重40~50kg，背长60~70cm。

七、绿头鸭体形外貌识别

目前我国家养绿头鸭多为引进品种美国绿头鸭。公鸭头颈为暗绿色，有金属光泽；在颈与胸的连接处有1个明显的白色颈环；喙为黄灰色或黄绿色，上喙边缘有一圆形黑斑；上背和肩部为暗灰褐色，密杂以黑褐色纤维横斑，并镶有棕黄色的羽缘；下背为黑褐色，羽缘较浅；腰和尾上复羽为黑色并有金属绿色光辉；中央两对尾羽尾端向上卷曲，外侧尾羽为灰褐色，羽缘白色；最外侧一二对尾羽多为白色，杂以灰色细斑，为公鸭特有，称之为“雄性羽”。两翅大都为灰暗色，翼镜为金属紫蓝色，前后缘均为绒黑色，最外缀以白色狭缘，三色相对醒目。胸为栗色，羽缘为浅棕色；下胸的两侧、肩羽及肋大部分为灰色并杂有黑褐色纤维波状纹；腹部为浅灰色，密布黑褐色细点，尾下复羽绒为黑色。母鸭头顶和后颈为黑色，稍杂有棕黄色；上体大都为褐色，有棕黄色羽缘和V形斑。翅上有显著翼镜，形状、羽色与公鸭同；喉部为浅棕红色；下体全部散布褐色斑点，在肋尤其显著；尾毛与家鸭相似，但羽毛亮而紧凑，有大小不等的圆形白麻花纹；颈下无白环，尾羽不上卷。初生雏鸭全身绒毛以黑灰色为主。脸、肩、背和腹有浅黄色绒羽相间，喙和脚为灰色，趾爪为黄色。翅膀极小，个别者周身都是黑色绒毛，只在腹部颜色略浅。雏鸭略显圆小。

八、番鸭体形外貌识别

我国饲养的番鸭品种包括培育品种中国番鸭，培育的配套系温氏白羽番鸭1号，引进品种克里莫番鸭和番鸭。

1. 中国番鸭

体躯长而宽，前后窄小，呈纺锤形，体躯与地面呈水平状态。头大，喙较短而窄。喙基部和眼周围有红色或黑色的皮瘤，上喙基部有一小块突起的肉瘤，公鸭较母鸭发达。头顶有一排纵向长羽，受到刺激会竖起。胸部宽平，后腹不发达，尾狭长，全身羽毛紧贴，翅膀长达尾部。腿短而粗壮。羽毛分为黑色、白色、黑白花色，少数呈银灰色。尾羽长而向上微微翘起。性成熟时，公鸭尾部无性羽。皮肤为浅黄色，肉为深红色。白番鸭全身羽毛为纯白色，头部皮瘤鲜红而肥厚，呈链珠状排列；喙为粉红色；虹彩为浅灰色，胫、蹼和爪为黄色；雏鸭绒毛为白色。黑番鸭羽毛为黑色，带有墨绿色光泽，仅主翼或副翼有少数白羽；肉

瘤黑里透红；喙基部为黑色，前端为浅红色，喙为豆黑色；虹彩为浅黄色，胫、蹼和爪为黄色；雏鸭绒毛为黑色。

2. 温氏白羽番鸭 1 号

商品代公鸭全身白羽，少量个体头顶部有小撮黑羽；喙为粉红色，脚为浅黄色；喙基部有小颗粒粉红色皮瘤；体形前宽后窄，呈长椭圆形；头大颈短。胸部平坦宽阔且长。左右翼羽交叉、贴身，尾羽长顺。商品代母鸭体形和羽毛与公鸭相似，体形葫芦状；颈短，喙短而狭。雏鸭全身绒羽为金黄色，部分个体头顶有些许黑羽，喙为粉色，脚、胫为橘黄色。

3. 克里莫番鸭

体躯长而宽，体形前尖后窄，呈纺锤形，与地面呈水平状态，头大，颈短，喙基部和眼周围有红色或黑色皮瘤，公鸭较发达，喙较短而窄，呈“雁形喙”，嘴、爪发达。胸部宽阔丰满，头顶有一排纵向长羽，受刺激时会竖起。后腹不发达，胸、腿肌肉发达，翅膀长达尾部，腿短而粗壮，趾爪强壮有力，步态平稳。尾部瘦长。有 4 个商品系，R31 系羽毛为灰条纹、R41 系羽毛为黑色、R51 系羽毛为白色、R61 系羽毛为蓝条纹。

4. 番鸭

体形大，略扁，体躯比家鸭大。头颈大而粗短，喙较短而窄，喙基部和眼睛周围有红色或赤黑色的皮瘤。公鸭皮瘤比母鸭发达，在头部两侧延展较宽而厚。皮瘤随着年龄的增长逐渐向头顶和颈部扩大。前后躯稍狭小，胸部宽而平，胸、腿部肌肉发达且丰厚，翅膀大而长，强壮有力。羽毛丰满，华丽并富有光泽，腿部粗壮，爪尖锐，蹼大而肥厚。头颈部有一撮较长羽毛，当受刺激时，羽毛竖起呈刷状。羽色不同，有白色、黑色和黑白花色，少数呈银灰色或赤褐色。白羽雏鸭羽毛为浅黄色，尾羽为灰色，第一次换羽后全身羽毛为白色；黑羽雏鸭羽毛为黑色。

第三章

特种畜禽饲养管理关键技术

第一节　规模化鹿场的饲养管理关键技术

虽然我国已有200多年的驯化和养殖鹿的历史，但鹿仍存在较强的野性，在养殖中要根据生物学特点进行饲养管理。根据鹿的不同生长时期，生产中一般按照年龄将鹿分为仔鹿、育成鹿和成年鹿。仔鹿一般集中在每年5~6月出生，每只仔鹿出生重5~6kg，出生之后几小时就可以自由活动，大约8月末断乳分群。育成鹿为出生后2~3年的鹿，一般1.5~2.5岁性成熟。育成母鹿16个月即可参加配种妊娠，育成公鹿12个月可长1对初角茸，生产上称之为“毛桃茸”，每年7月把毛桃茸锯掉。3岁以下的育成公鹿不能作为种公鹿参加配种。成年鹿一般指3周岁以上的鹿，此时基本达到体成熟。为了方便饲养管理，生产中经常将公鹿按照产茸期、发情配种期和越冬期进行管理，将母鹿按照发情配种期、妊娠期、产仔哺乳期、恢复期进行管理。鹿属于季节性发情哺乳动物，繁殖期是影响生产经济效益的关键时期，主要包括公鹿的发情配种期及母鹿的发情配种期、妊娠期和产仔哺乳期。本节主要以梅花鹿为例，重点针对繁殖期公鹿和母鹿的饲养管理要点进行简要介绍。

一、公鹿饲养管理

1. 公鹿发情配种期的生理特点和行为表现

家养梅花鹿公鹿3岁可达性成熟，最佳配种年龄为3~8岁，梅花鹿公鹿必须在3岁以后才可以作为种公鹿使用，如果过早参加配种，对其生长发育、生产性能和后代品质均会产生不良影响。每年的8月下旬~11月中旬为种公鹿的发情配种期。与非配种期相比，配种期公鹿的睾丸明显增大。公鹿发情主要表现为鹿角骨化脱皮，食欲开始减退，性情暴躁，频繁鸣叫，逐步显现出强烈的性冲动行为，兴奋好斗，经常发生激烈的争偶角逐现象。这段时期的种公鹿体质消耗较大，参加配种后的体重可大幅下降15%~20%。

2. 公鹿发情配种期的饲养管理要点

饲养管理的主要目的是使种公鹿保持良好的繁殖体况和旺盛的配种能力，从而适时配种，同时避免生产公鹿因争斗造成伤亡的情况发生，好斗的公鹿需要单圈饲养或者给其装上脚绊。生产中，可将种公鹿放到母鹿圈进行配种，采取一配到底的方式，1只种公鹿可配15~20只母鹿。有条件的鹿场可对种公鹿的精液品质进行检测，若公鹿精液品质不佳，需要及时调换种公鹿。配种后期要仔细观察配种情况，如果种公鹿体力下降到影响母鹿受配率

时，可选择备用种公鹿进行补配，以免第 1 只种公鹿因体力透支而受伤或者死亡。产茸量等指标特别优秀的种公鹿，可以采集精液给更多母鹿进行人工授精，从而提高其利用率，获得更多优秀的后代。

参加配种的种公鹿体力消耗很大，性欲旺盛，食欲却很差。该时期要注重种公鹿饲料营养全面，且要有很好的适口性，精饲料蛋白质水平在 15%~20%，同时保证维生素 E、维生素 A、维生素 B_{12}的含量。除了饲喂青贮饲料外，最好增加一些水果类、瓜类、胡萝卜和甜菜等青绿多汁饲料及优质干青草，不仅可以增加种公鹿食欲、提高种公鹿采食量，还可以补充维生素、微量元素，提高种公鹿的精液品质。块茎类的饲料应尽量洗净、切碎并与精饲料混合饲喂。梅花鹿对外界环境变化刺激很敏感，配种期间要尽量保持鹿场安静。晨昏时刻是配种的高发时间段，饲养人员应尽量避免 16:00 以后进入鹿舍，防止发情鹿群因受到打扰而错过配种时机。饲养人员如需进圈饲喂，要加强自身保护，防止被鹿顶伤。

二、母鹿饲养管理

家养梅花鹿母鹿在 1.5 岁可达性成熟，体况好的可正常参加配种，但受胎率往往较低。经产母鹿一般在仔鹿断乳分群后（8 月中下旬）开始进入配种前期的体质恢复期，母鹿在一个发情季节呈周期性多次发情，发情期在每年 9 月中旬~11 月中旬，发情周期为 12~13d，每次发情持续 12~36h。发情初期主要表现为烦躁不安，摆尾游走，公鹿追逐却不接受爬跨；发情后期出现交配欲，公鹿追上后便站立不动，接受爬跨和交配。有些母鹿（多为初配母鹿）发情表现不明显，交配欲不强，必须靠公鹿追逐交配。

1. 母鹿发情配种期的饲养管理要点

母鹿的受配率和受胎率直接决定后期的产仔率，也将直接影响养殖场的经济效益。因此，该时期饲养管理的目的是提高母鹿繁殖力，确保体质健康，从而充分发挥母鹿的优良生产性能，繁殖出更为健康优良的仔鹿。

一般情况下，母鹿在仔鹿分群后有 1 个多月的体况恢复调整时间。第一，养殖者应调整鹿群，根据生产记录，将患有严重疾病的、有恶癖的及体质和繁殖性能较差的母鹿淘汰，结合系谱记录将母鹿群按照年龄、产仔性能、体质体况等合理分群，每群以控制在 15~20 只为宜。第二，要通过优化饲料配方，调整不同母鹿的体况趋向适宜膘情水平。对于过瘦的母鹿群，要确保其摄入充足、全价的饲料，增强体质，避免因营养不良引起发情晚和配种期延长的现象发生；对于过肥的母鹿群，要控制饲喂量和饲喂次数，避免因母鹿过肥导致受配率和受胎率降低的现象发生。该时期母鹿饲料应以粗饲料和多汁饲料为主，辅助饲喂适量的精饲料，补充足量的维生素和矿物质，确保各营养物质搭配合理。要注意发情配种期的母鹿不宜饲喂过量，一般每天喂精饲料 1~1.2kg、粗饲料 2.5~3.5kg。

2. 母鹿妊娠期的饲养管理要点

家养梅花鹿妊娠期为 223~256d。妊娠前期胎儿的生长发育非常缓慢，营养物质的需求量不高；妊娠后期胎儿的生长发育非常迅速，母鹿的子宫和乳腺也开始逐渐增大。80%的胎儿体重是在母鹿妊娠期后 3 个月内增长的，因此，母鹿妊娠期至少应该分成两个阶段进行饲养管理，尤其在饲料配制方面。在妊娠早期，应该延续配种期的营养水平进行饲喂，不可饲喂过量，严格控制饲喂高能量饲料，以免引起胚胎早期死亡。在妊娠中期，要逐步提高日粮的营养水平。在妊娠后期，由于母鹿胃受到胎儿长大的压迫，其容量逐渐变小，消化机能也开始减弱，此时应当选择质量好、体积小、适口性好的饲料，从而给胎儿和母鹿提供充足的营养物质。饲料中要补充足够的钙、磷，以免引起母鹿产后瘫痪或者仔鹿患软骨病。每天饲喂青贮饲料不要超过0.5kg，严禁喂酸度高的青贮饲料，以防引起流产。一般情况下，可以每天饲喂2~3次，早上和下午各1次，夜间补饲1次。同时要保证妊娠母鹿充足的活动量，每天定时驱赶母鹿运动1h以上，以增强体质，避免发生难产现象。要保证鹿舍采光良好和清洁卫生，定期消毒。因为母鹿妊娠期处于寒冷的冬季，最好给母鹿铺垫较厚的干草，做好保暖工作。经常开展母鹿的调教和驯化工作，提高母鹿对环境刺激的适应性，防止因受惊造成母鹿损伤或者流产。

3. 母鹿产仔哺乳期的饲养管理要点

母鹿一般集中在5月中旬~6月上旬产仔，仔鹿出生后便进入哺乳期，哺乳期一般持续3个月左右。母鹿在哺乳期会分泌大量乳汁哺育仔鹿，产后的泌乳量逐渐增加，一般在产后1个月左右达到泌乳高峰，持续50d左右，然后逐渐下降。母鹿分娩后，瘤胃解除压迫，其容积增大，胃肠消化能力逐渐增强。因此，母鹿产仔泌乳期比妊娠期采食量要高，饮水量增大。为了满足母鹿维持需要和仔鹿生长所需的乳汁营养，饲养中要每天提供营养丰富且充足的蛋白质、脂肪、矿物质与多种维生素等营养物质。该时期饲料中蛋白质饲料占比应在65%~75%，每天最好饲喂3次精饲料和3次粗饲料，晚上补饲1次粗饲料效果会更好，且供给饲料的数量和质量也要随之增加。母鹿产仔主要在夏季初期，鹿舍应注意保持清洁卫生，避免有害微生物污染母鹿乳房及乳汁，引起仔鹿疾患。养殖场可以根据母鹿配种记录初步估算母鹿的产仔时期，在临近产仔期时，饲养人员要增加日夜检查圈舍的频率，有条件的养殖场可以安装监控设备，方便观察母鹿的行为判断是否临产。如果母鹿发生难产，要及时进行人工接产。接产人员要注意采取必要的医学防护措施，以免被传染相关疾病。

三、种鹿饲养管理的其他注意事项

1. 疾病预防

为了预防常见疾病的发生，养殖场要每年至少开展1次圈舍的整体消毒工作。同时按照免疫流程做好口蹄疫疫苗和驱虫药物的注射工作。最好每年适时开展鹿群的布鲁氏菌病和结核分枝杆菌病的检测工作，及时将病鹿淘汰出群，以免造成更大的损失。

2. 科学饲喂

根据当地的饲料原料来源因地制宜地选择饲料，在保证各时期鹿所需营养的基础上选择成本较低的饲料，切不可盲目主观地进行饲喂，要根据各时期鹿的营养需求特点科学配制饲料。否则可能走向饲料资源浪费和鹿营养不足两个极端。同时，在饲养过程中不可随意变动饲料配方，如果更换饲料，要循序渐进，采取逐步增大替代比例的方式进行。所有饲料原料一定保证良好的品质，切不可饲喂发生霉变的饲料原料。

3. 注重选种选配

注重鹿养殖档案建立工作，鹿系谱需清晰明了，在选种选配时要根据鹿及其后裔或同胞的生产性能和繁殖性能来选种，严格避免近亲。根据养殖场的育种目标，尽量选择符合育种方向的种公鹿和种母鹿进行配种繁殖，以便逐步提高养殖场的经济效益。

第二节　规模化毛皮动物养殖场的饲养管理关键技术

一、水貂饲养管理

根据不同生物学时期水貂的生理特性、繁殖、生长和被毛变化，分为准备配种期、配种期、妊娠期、产仔哺乳期、恢复期、育成期和冬毛生长期。

1. 准备配种期

（1）饲养要点　准备配种前期（9~10月）由于气温逐渐下降，水貂食欲旺盛，为了给种貂安全越冬和性器官发育提供营养物质，应适当增加日粮标准，提高水貂的肥度。在此期日粮中，要保证有充足的可消化蛋白质并供给富含蛋氨酸和半胱氨酸的蛋白质饲料。准备配种中期（11~12月），我国北方各貂场已进入严寒的冬季。此期的饲养主要是维持营养，保持肥度，促进生殖器官发育。饲料中最好增加少量的脂肪，同时，要添加鱼肝油和维生素E等。准备配种后期（1~2月），主要是调整营养，平衡体况。如果不适当控制营养平衡，肥瘦不匀，势必对配种甚至全年生产造成不利的影响，因此日粮标准要比前、中期稍低，适当减少日粮体积，促进种貂运动。为了防止种貂过肥，脂肪可适当地减少，并且保持添加各种维生素。如果此期供给种公貂全价蛋白质饲料（鸡蛋、牛乳、肝脏、动物脑等），可明显提高精子活力。

（2）管理要点

1）防寒保暖。为了使种貂能够安全越冬，从10月开始应在窝箱中添加柔软的垫草。气温越低，垫草越要充足，并且要保证勤换垫草，经常清除窝箱内的粪、尿，以防垫草湿污、天气寒冷而导致水貂感冒或患肺炎死亡。

2）保证饮水。每天要饮水1次，严寒的冬季可用清洁的碎冰或散雪代替。

3）加强运动。运动能增强体质，消除体内过多的脂肪，同时也起到增加光照的作用。经常运动的公貂，精液品质好，配种能力强；母貂则发情正常，配种顺利。因此，在每天喂食前，可用食物或工具隔笼逗引水貂，使其进行追随运动。

4）调整体况。种貂的体况与繁殖力之间有着密切的关系，过肥或过瘦都会严重地影响繁殖。

2. 配种期

水貂的配种期在2月下旬~3月中旬。由于此期受性活动的影响，水貂的食欲有所减退。另外，公貂每天要排出大量的精液，母貂要多次排卵，频繁的放对和交配对种貂，尤其对公貂营养及体力的消耗很大。因此，配种期饲养管理的中心任务，就是使公貂具有旺盛的性欲，保持持久的配种能力，确保母貂顺利达成交配，并保证配种质量。

（1）饲养要点　供给公貂质量好、营养丰富、适口性强和易于消化的日粮，以保证其具有旺盛持久的配种能力和良好的精液品质。日粮中要含有足够的全价蛋白质及维生素A、维生素B、维生素D、维生素E。为了弥补公貂配种的体质消耗，通常在中午要用优质的饲料补饲1次，如果公貂中午不愿吃食，可将这些饲料加入晚饲中以避免浪费。母貂的日粮也要求有足够的全价蛋白质和维生素，以防止因为忙于配种而把母貂养得过肥或过瘦。

（2）管理要点

1）科学安排配种进度。根据母貂发情的具体情况，选用合适的配种方式，提高复配率，并使最后一次交配在配种旺期结束。

2）区别发情与发病。性冲动使水貂的食欲减退，因此要注意观察，正确区别发情与发病。发情时，每天都要采食饲料，性行为正常，有强烈的求偶表现；病貂往往完全拒食，精神沉郁，被毛蓬松，粪便不正常。如果发现病貂，应及时治疗。

3）添加垫草。要随时保证有充足的垫草，以防寒保温，特别是天气温差比较大时更应注意，以防水貂感冒或发生肺炎。

4）加强饮水。要满足水貂对饮水的需要（尤其是公貂每次交配后会口渴，极需饮水），要给予充足的饮水。

3. 妊娠期

妊娠期的母貂，新陈代谢旺盛，营养需要是全年最高的时期。除维持自身生命活动外，还要为春季换毛、胎儿的生长发育及产后泌乳提供营养，所以此期要充分满足水貂对各种营养物质的需要，提供安静舒适的环境，确保胎儿正常发育。如果饲养管理不当，会造成胚胎被吸收、死胎、烂胎、流产或娩出后的仔貂生命力不强，给生产上造成重大的经济损失。

（1）饲养要点

1）饲料品质要新鲜。必须保证饲料品质新鲜，严禁喂腐败变质或贮存时间过长的饲料，日粮中不许搭配经激素处理过的畜禽肉及其副产品，以及动物的胎盘、乳房、睾丸和带有甲状腺的气管等。

2）营养成分要完全。饲料种类要多样化，通过多种饲料混合搭配，保证营养成分的全价。满足妊娠母貂对各种营养物质的需要，尤其是对全价蛋白质中的必需氨基酸、必需脂肪酸、维生素和矿物质的需要。

3）适口性要强。饲料适口性不强会引起妊娠母貂食欲减退，影响胎儿的正常发育。因此，在拟定日粮时，要多利用新鲜的动物性饲料，采取多种饲料搭配，避免饲料种类突然大幅度地改变。

4）喂量要适当。妊娠期日粮由于饲料质量好、营养全价、适口性强，母貂采食旺盛，易造成体况过肥，所以要适当控制喂量，要根据妊娠的进程逐步地提高营养水平，以保持良好的食欲和中上等体况为主。母貂过肥，易造成难产、产后缺乳和胎儿发育不均匀；母貂过瘦，会造成营养不足、胎儿发育受阻，易使妊娠中断，产弱仔、母貂缺乳及换毛推迟等。

（2）管理要点

1）注意观察。主要观察母貂食欲行为、体况和消化的变化。正常的妊娠母貂，食欲旺盛，粪便正常、呈条状，常常仰卧晒太阳。如果发现母貂食欲不振、粪便异常等，要立即查找病因，及时采取措施加以解决。

2）加强饮水。妊娠期母貂饮水量增多，必须保证水盒内经常有清洁的饮水。

3）保持安静，防止惊吓。饲养员喂食或清除粪便时，要小心谨慎，不要在场内乱串、喧哗，谢绝参观。

4）搞好卫生防疫。妊娠期正处于万物复苏的季节，也是各种疾病开始流行的时期，所以必须做好笼舍、食具、饲料和环境的卫生。窝箱垫草应勤换，笼舍不要积存粪便。食碗、水盒要定期消毒。

4. 产仔哺乳期

从母貂产仔到仔貂断乳分窝是产仔哺乳期（4 月末~6 月下旬）。这一时期的中心任务是提高仔貂的成活率，保证仔貂生长发育。仔貂生长发育的好坏，主要取决于母貂的泌乳能力，而产仔哺乳期日粮的饲料组成则是影响泌乳量的主要因素。因此，要使母貂能够正常泌乳，提高泌乳量和延长泌乳时间，就应给予营养全价的日粮，增加催乳饲料。另外，水貂产仔数较多，往往一胎所产的仔貂数量超出本身的抚养能力，因此，要提高仔貂成活率，还必须对仔貂加强人工护理工作。

（1）饲养要点　日粮要维持妊娠期的水平，尽可能使动物性饲料的种类不要有太大的变动，为了促进母貂泌乳，应增加牛羊乳和蛋类等营养全价的蛋白质饲料，并且适当增加脂肪的含量，如含脂率高的新鲜动物性饲料，或加入植物油、动物脂肪及肉汤等。

母貂产后 2~3d，食欲不振，应减量饲喂。随着母貂食欲好转，饲料要逐渐增加，在不剩食的原则下，根据产仔数和仔貂的日龄区别对待。仔貂开始采食后（20 日龄），饲喂量除保证母貂的需要外，还应包括仔貂的食量，若还需要，再继续进行添加。

（2）管理要点

1）及时发现难产母貂。母貂难产时，表现为徘徊不安，在窝箱外来回奔走，经常呈蹲坐排便姿势，舔舐外阴部；有时虽有羊水、恶露流出，但不见胎儿娩出；有的胎儿嵌于生殖孔长时间娩不出来。此时应肌内注射催产素 0.5~0.6IU/kg，间隔 2h 再注射 1 次，经 3h 后仍不见胎儿娩出，可进行人工助产。方法是：将母貂仰卧保定，先将外阴部消毒，然后将甘油滴入阴道内，助产者随其分娩努责，轻轻地从阴道内将胎儿拉出。第 1 个胎儿拉出后，可将母貂放入窝箱内，让其自产。对从阴道拉出来的仔貂，要立即擦净鼻孔和口角的黏液，并进行人工呼吸。

2）产后检查。产仔母貂排出黑色煤焦油样粪便 2h 后，即可对仔貂进行第 1 次检查。

5. 恢复期

恢复期是指公貂配种结束、母貂哺乳结束，至 9 月中旬性器官再度发育的这段时期，公貂一般持续 180d，母貂持续 100d。由于公貂配种、母貂哺乳及产仔泌乳后体脂消耗很大，体重下降到全年最低水平。为了使水貂最快恢复到正常水平的体重，为今后繁殖奠定基础，应重视恢复期的饲养管理。

（1）饲养要点　公貂配种结束后 1 个月内给予配种期饲料，母貂断乳后 1 个月内饲喂产仔哺乳期饲料。对特别优秀、失重较大的种貂还要适当延长饲料调整时间，等到体质恢复后再改喂恢复期的饲料。此期日粮的饲喂量为每天 250~300g，动物性饲料占比在 55%左右。

（2）管理要点

1）加强母貂管理，预防乳腺炎发生。刚刚断乳的母貂，如果乳房仍较膨大充盈，应在断乳的第 1 周内少喂一些饲料，以防瘀滞性乳腺炎发生。

2）搞好卫生，预防疾病。种貂恢复期身体虚弱，易患各种疾病，要搞好环境卫生，预防疾病发生，发现患病的种貂要及时治疗。在炎热季节，要注意防暑降温，供给充足饮水。

3）加强笼舍维修，防止跑貂。母貂断乳后思仔心切，要加强笼舍及产箱的检查和维修，严防跑貂。

6. 育成期

仔貂 40~45 日龄时开始断乳分窝，分窝后至取皮是仔貂的育成期。7~8 月仔貂生长发育迅速，是骨骼、内脏器官生长发育最快的时期。此期饲养管理的正确与否，直接影响体形的大小和皮张的幅度，这段时间称为育成期。

（1）育成前期

1）育成前期饲养要点。断乳分窝后的前2周，可以继续喂给产仔哺乳期的饲料。当达到2月龄时，每天要增加供给可消化蛋白质，日粮中动物性饲料不得少于60%，要保证多种饲料搭配使用。育成前期是生长的关键时期，随着日龄的增长，喂量逐渐增加。

2）育成前期管理要点。

① 仔貂分窝。分窝时间主要依据仔貂生长发育情况、母貂的泌乳能力和体况确定。过早分窝，仔貂尚未完全具备独立生活的能力，会导致发育不良甚至死亡；过晚分窝，易造成互相争食咬斗，影响母貂和仔貂健康。仔貂一般以40~45日龄时分窝为宜，如果仔貂发育不均衡，母貂体质尚好，可分批分窝，将体质好、采食能力强的先行分窝，体形小、体质较弱的继续留给母貂抚养一段时间。分窝时先将同性别的2~3只仔貂放在1个笼里饲养，1周后再分开单笼饲养（不许拖延）。分窝前，对仔貂笼舍进行1次全面的洗刷和消毒，在窝箱内铺干燥的垫草。在分窝时应做好系谱登记工作。

② 加强卫生预防疾病。此期正值夏季，预防疾病尤为重要。要把好饲料质量关，保证新鲜、清洁，绝不喂酸败变质的饲料。饲料加工用具和食具等，每次用过之后都要及时洗净和定期消毒。每天要打扫棚舍和窝箱，清除粪便和剩食。

③ 做好防暑工作。夏天天气炎热，阳光长时间直射容易导致仔貂中暑。中暑一般发生在貂棚西侧，因而应在貂棚西侧安装遮阳物，如帘子等。同时必须供给仔貂充足的饮水，每天最少饮水3次。

④ 疫苗接种。一般在6月末~7月初仔貂断乳后3周时，分别注射犬瘟热疫苗和病毒性肠炎疫苗。

⑤ 预防母貂乳腺炎。刚离乳的前几天应减少母貂的饲料供给量，注意观察母貂乳房，防止瘀滞性乳腺炎的发生。

（2）育成后期

1）仔貂营养需要特点。仔貂从40~45日龄分窝后至9月末为育成后期。育成后期营养物质和能量在体内以动态平衡的方式积累，使机体组织细胞在数量上迅速增加，仔貂得以迅速生长和发育，尤其是40~80日龄是仔貂生长发育最快的阶段。此时仔貂新陈代谢极为旺盛，同化作用大于异化作用，蛋白质代谢呈正平衡状态，即摄入氮总量大于排出氮总量。因此，对各种营养物质尤其对蛋白质、矿物质和维生素的需要极为迫切。

2）仔貂的饲养要点。育成后期正值酷暑盛夏，要严防仔貂因采食变质饲料而出现各种疾患。因此，除从采购、运输、贮存、加工等各环节上紧把饲料品质这一关外，还必须有合理的饲喂制度。此时一般喂2~3次，早、晚饲喂的间隔时间要尽量长些，保证每次饲喂后1h饲料被吃完，如果吃不完也应及早撤出食物。这是育成后期减少发病死亡的有效措施。

母貂经妊娠、产仔、泌乳的营养消耗，此时体况普遍下降，部分母貂已达枯瘦状态而出现哺乳症。所以在分窝后10~20d仍应按产仔哺乳期的日粮标准饲养，对患哺乳症的母貂，应在饲料中加入0.4%~0.5%的食盐，并加喂肝脏、酵母、维生素B_6、维生素B_{12}和叶酸，以使其尽快恢复体质。否则，母貂夏季死亡率增高，第二年繁殖也受影响。

3）仔貂的管理要点。做好初选，以窝为单位，初步选留种貂。搞好卫生防疫，饲料加工工具和食具要天天刷洗和定期消毒，饲料室和貂舍内的卫生要搞好，以预防胃肠炎、腹泻、脂肪组织炎、中毒等疾患。及时供给充足的饮水，及时唤醒在阳光下睡觉的水貂，加强通风，预防中暑。

7. 冬毛生长期

（1）饲养要点　在目前的水貂生产中，比较普遍地存在着忽视水貂冬毛生长期饲养的弊病，不少貂场企图降低成本，而在此期间采用低劣、品种单调、品质不好的动物性饲料，甚至以大量的谷物代替动物性饲料饲养皮貂，结果因机体营养不良，导致大批出现带有夏毛、毛峰勾曲、底绒空疏、毛绒缠结、枯干凌乱、后裆缺针、食毛症、自咬病等明显缺陷的皮张，严重降低了毛皮质量，减少了生产单位的经济收入。

（2）管理要点　水貂生长冬毛是短日照反应，因此在一般饲养中，将皮貂养在较暗的棚舍里，避免阳光直接照射，以保护毛绒中的色素。从秋分开始换毛以后，应在窝箱中添加少量垫草，以起到自然梳毛作用。同时，要搞好笼舍卫生，及时维检笼舍，防止污物沾染毛绒或锐利刺物损伤毛绒。添喂饲料时勿将饲料沾在水貂身上。10 月应检查换毛情况，遇有绒毛缠结的应及时通过活体梳毛除掉。

二、狐饲养管理

人工饲养狐的生存环境、饲料及日常的管理都直接影响生长、繁殖和生产性能。人工饲养过程中，狐的饲料和生活条件完全由人来提供。人工环境是否合适，提供的饲料是否能满足其生长发育的需求，即饲养管理的好坏，对狐的生命活动、生长、繁殖和生产毛皮影响极大。因此，必须根据狐的生长发育特性，进行科学的管理，才能提高狐的生产力，获得最大的经济效益。

1. 准备配种期

配种前 1.5~2 个月为准备配种期，实际上公狐从配种结束，母狐从断乳以后，幼狐从 8 月末就进入下一个繁殖季节的准备配种期。准备配种期狐的生理特点是：生长冬毛，生殖器官由静止状态转入迅速发育状态。

（1）饲养要点　饲养任务是供给狐生殖器官发育和换毛所需的营养并贮备越冬所需的营养物质。此时的幼狐还处于生长发育后期，成年种公狐在配种期和种母狐在产仔泌乳期体力消耗很大，需要有一个恢复体力阶段。为了更好地加快种狐体力恢复，种公狐配种结束后、种母狐断乳后 10~15d，饲料营养水平仍要保持在原有的营养水平。8 月末~9 月初，公狐的睾丸和母狐的卵巢开始发育，饲料营养水平要有所提高，银黑狐每 418kJ 代谢能可消化蛋白质 9g；北极狐每 418kJ 代谢能可消化蛋白质 8g，并补加维生素 E 5~10mg。

（2）管理要点　除了应给狐群适当增加营养外，还应加强此期的饲养管理工作。

1）增加光照。为促进种狐性器官的正常发育，要把所有种狐放在朝阳自然光照下饲养，不能放到阴暗的室内或小洞内。光照有利于性器官发育、发情和交配，但没有规律地增加光照或减少光照都会影响生殖器官的正常发育和毛绒的正常生长。

2）防寒保暖。准备配种后期天气寒冷，为了减少种狐抵御寒冷而消耗营养物质，必须注意加强对窝箱的保温工作，保证窝箱内有干燥、柔软的垫草，对于个别在窝箱里排便的狐，要经常检查和清理窝箱，勤换或补充垫草。

3）保证采食量和充足的饮水。准备配种后期由于天气逐渐寒冷，饲料在室外很快结冰，影响采食。因此，在投喂饲料时应适当提高饲料温度，使狐可以吃到温暖的食物。另外，水是狐生长发育不可缺少的物质，在准备配种期应保证狐群饮水供应充足，每天至少饮水2~3次。

4）加强驯化。通过食物引逗等方式进行驯化，尤其是声音驯化，使狐不怕人，这对繁殖有利。

5）做好种狐体况平衡的调整。种狐的体况与其发情、配种和产仔等生产性能密切相关，身体过肥或过瘦，均不利于繁殖。因此，在准备配种期必须经常注意种狐体况平衡的调整，使种狐保持标准体况。在生产实际中，鉴别种狐体况的方法主要是以眼观、手摸为主，并结合称重来进行。

6）异性刺激。准备配种后期，把公、母狐笼间隔摆放，增加接触时间，刺激性腺发育。

7）做好配种前的准备工作。银黑狐在1月中旬，北极狐在2月中旬以前，应周密做好配种前的一切准备工作，维修笼舍并用喷灯消毒1次。制订配种计划和方案，准备配种用具，如捕兽钳或捕兽网、手套、配种记录表和药品等，并开展技术培训工作。

2. 配种期

配种期是养狐场全年生产的重要时期。管理工作主要是使每只母狐都能准确适时受配。银黑狐的配种期一般在每年的1月下旬~3月上旬，北极狐的配种期在2月下旬~4月末或5月初。进入配种期的公、母狐，由于性激素的作用，食欲普遍下降，并出现发情、求偶等行为。

（1）饲养要点 中心任务是使公狐有旺盛、持久的配种能力和良好的精液品质，使母狐能够正常发情，适时完成交配。此期由于公、母狐性欲冲动，精神兴奋，表现不安，运动量增大，加之食欲下降，因此，应供给优质全价、适口性好和易于消化的饲料，并适当提高日粮中动物性饲料的比例，如蛋、动物脑、鲜肉、肝脏、乳，同时加喂多种维生素和矿物质。由于种公狐配种期性欲高度兴奋，行为活跃，体力消耗较大，采食不正常，每天中午要补喂1次营养丰富的饲料，或喂给0.5~1枚鸡蛋。配种期间每天可实行1~2次喂食制，如果在早食前放对，公狐的补充饲料应在中午前喂；如果在早食后放对，公狐的补充饲料应在饲喂后30min进行。

（2）管理要点

1）防止跑狐。配种期由于公、母狐性欲冲动，精神不安，运动量大，应随时注意检查笼舍牢固性，严防跑狐。在对母狐进行发情鉴定和放对操作时，要方法正确并集中注意力，否则易发生人狐皆伤的事故。

2）做好发情鉴定和配种记录。在配种期首先要进行母狐的发情鉴定，以便掌握放对的最佳时机。发情检查一般需2~3d，对发情接近持续期者，要天天检查或放对。对首次参加配种的公狐要进行精液品质的检查，以确保配种质量。

做好配种记录，记录公、母狐编号、每次放对日期、交配时间、交配次数及交配情况等。在种母狐配种结束后3~5d要检查是否重复发情。若发现阴门有出现肿胀说明前期配种失败，需要进行第二次配种。

3）加强饮水。公、母狐运动量增大，加之天气逐渐由寒变暖，狐的需水量日益增加。

此期每天要经常保持水盆里有足够的清水，或每天至少供水 4 次。

4）区别发情和发病。种狐在配种期因性欲冲动，食欲下降，公狐尤其是在放对初期，母狐在临近发情时期，有的连续几日不吃，要注意同发生疾病或外伤进行区别，以便对病、伤狐及时治疗。此期要经常观察狐群的食欲、粪便、精神、活动等情况。

5）保证配种环境安静。种狐在配种期间，要保证养殖场的安静，谢绝参观。放对后要注意观察公、母狐的行为，防止咬伤，若发现公、母狐互相有敌意时，要及时把它们分开。

3. 妊娠期

从受精卵形成到胎儿分娩这段时间为狐的妊娠期，此期母狐的生理特点是胎儿发育，乳腺发育，开始脱冬毛换夏毛。

（1）饲养要点　妊娠期是母狐全年各生物学时期中营养水平要求最高的时期。母狐除了要保持自身的新陈代谢之外，一方面要供给胎儿生长发育所需要的各种营养物质，另一方面还要为产后泌乳蓄积营养。饲养管理的好坏直接关系到母狐是否空怀和产仔数量，同时也关系到仔狐出生后的健康。特别是妊娠 28d 以后胎儿长得快，吸收营养也多，妊娠母狐的采食量逐渐增加，对添加剂和蛋白质缺乏非常敏感，稍有不足，便产生不良影响，如胎儿被吸收、流产等。所以除了保证其营养丰富、全价和易消化的饲料之外，还要求饲料多样化，以保证必需氨基酸互补。在妊娠母狐的日粮中补充硫酸亚铁，可预防初生仔狐缺铁症；在饲料中补充钴、锰、锌，可降低仔狐的死亡率。妊娠期天气逐渐转暖，饲料不易贮存，要求饲料品质新鲜，并保持饲料的相对稳定。否则，腐败变质的饲料会造成胎儿中毒死亡。饲料的喂量要适度，可随妊娠天数的增加而递增，并根据个体情况（体况、食欲）不同灵活掌握。妊娠期母狐的体况不可过肥，否则会影响胎儿的发育。

（2）管理要点　主要是给妊娠母狐创造一个安静舒适的环境，以保证胎儿的正常发育。为此，应做好以下几点工作。

1）保证环境安静。禁止外人参观，饲养人员操作时动作要轻，不可在场内大声喧哗，以免母狐受到惊吓而引起流产、早产、难产、叼仔和拒绝哺乳等。为了使母狐习惯与人接触，产仔时见人不致受惊，从妊娠中期开始饲养人员要多进狐场，对狐场内可能出现的应激要加以预防。

2）保证充足饮水。母狐需水量大增，每天饮水不能少于 3 次，同时要保证饮水的清洁卫生。

3）搞好环境卫生。妊娠期是致病菌大量繁殖、疫病开始流行的时期。因此，要搞好笼舍卫生，每天刷洗饮、食具，每周消毒 1~2 次。饲养人员每天都要注意观察狐群动态，发现有病不食者，要及时请兽医治疗，使其尽早恢复食欲，免得影响胎儿发育。

4）妊娠阶段观察。妊娠 15d，母狐外阴萎缩，阴蒂收缩，外阴颜色变深；初产狐乳头似高粱粒大，经产狐乳头为大豆粒大，外观可见 2~3 个乳盘；喜睡，不愿活动，腹围不明显。妊娠 20d 后，外阴呈黑灰色，恢复到配种前状态，乳头开始发育，乳头部皮肤为粉红色，乳盘放大，大部分时间静卧嗜睡，腹围增大。妊娠 25d 后，外阴唇逐渐变大，产前 6~8d 阴唇裂开，有黏液，乳头发育迅速，乳盘开始肥大，粉红色，外观可见较大的乳头和乳盘，母狐不愿活动，大部分时间静卧，腹围明显增大，后期腹围下垂。

5）做好产前准备。按时记录好母狐的初配日期、复配日期和预产日期。一般母狐妊娠 52~54d 产仔，做好记录，便于做好母狐临产前的准备工作。预产期前 5~10d 要做好产箱的清理、消毒及更换垫草等工作，准备齐全检查仔狐用的一切用具。对已到预产期的母狐更要注意观察，看其有无临产征候，乳房周围的毛是否已拔好，有无难产的表现等。

6）加强防逃。饲养人员要注意笼舍的维修，防止跑狐。一旦跑狐，不要猛追猛捉，以防机械性损伤而造成流产或引起其他妊娠母狐的惊恐。

7）加强观察。经常观察母狐的食欲、粪便和精神状态。发现问题要及时查找原因和采取措施。例如，个别妊娠母狐食欲减退，甚至1~2次拒食，但精神状态正常，鼻镜湿润，则应是妊娠反应。应尽量饲喂它喜欢吃的食物，如大白菜、黄瓜、番茄、新鲜小活鱼和鸡蛋等。

8）准备好产箱。在母狐配种20d后要将消毒好的产箱挂上。产箱挂上不要打开箱门，临产前10d再打开小箱门。如果在寒冷地区可添加垫草，垫草要用大锅蒸20min，晒干后再垫，垫草除了具有保温作用外，还有利于仔狐的吸乳。不是寒冷地区产箱就不要垫草，狐产仔时天气仍然较冷时，产箱可用彩条塑料布包好，既保温又可防雨水。

4. 产仔泌乳期

此期从母狐产仔开始直到仔狐断乳分窝为止。银黑狐产仔期一般在3月下旬~4月下旬，北极狐产仔期一般在4月中旬~6月上旬。此期母狐的生理变化较大，体质消耗较多。这个时期的中心任务是确保仔狐成活和正常发育，达到丰产、丰收的目的。

（1）饲养要点 确保仔狐正常发育的关键在于母乳的数量和质量，母乳的营养非常丰富，特别是初乳中除含有丰富的蛋白质、脂肪、无机盐外，还含有免疫抗体。影响母狐泌乳能力的因素有两点：一是母狐自身的遗传性能；二是产仔泌乳期的饲料组成。此期的饲料营养水平大致与妊娠期一致，即银黑狐每418kJ代谢能可消化蛋白质10g；北极狐每418kJ代谢能可消化蛋白质11g。饲料中可在妊娠期的基础上增加乳品饲料2%~3%，对母狐泌乳大有好处。母狐产仔后最初几天食欲不佳，但5d以后，特别是到哺乳的中后期仔狐会吃食时，食量大增。因此，要根据仔狐日龄增长并结合母狐食欲情况，随时调整母狐的饲喂量，以保证仔狐正常生长发育的需要。

（2）管理要点

1）保证母狐的充足饮水。母狐生产时体能消耗很大，泌乳又需要大量的水，因此，产仔泌乳期必须供给母狐充足、清洁的饮水。同时，由于天气渐热，渴感增强，饮水还有防暑降温的作用。如果天气炎热，应经常在狐舍的周围进行洒水降温。

2）临产拔毛。临产前要拔乳毛，母狐在产仔前自行拔掉乳头周围的毛，若拔得很少，可以人工辅助拔毛，同时检查是否有乳产生，必要时要投放催乳片或打催乳针。

3）做好产后检查。这是产仔保活的重要措施之一，检查仔狐一般在天气暖和的时候进行，天气寒冷、夜间和清晨不宜进行。母狐产后应立即检查，最多不超过12h，对有惧怕心理、表现不安的母狐可以推迟检查和不检查。检查的主要目的是看仔狐是否吃上母乳。初生仔狐眼紧闭，无牙齿、无听觉，身上披有黑褐色胎毛，而且毛较稀疏。吃上乳的仔狐嘴巴发黑，肚腹增大，集中群卧，安静，不嘶叫；反之，未吃上母乳的仔狐分散在产箱内，肚腹小，不安地嘶叫。检查时，动作要迅速、准确，不可破坏产窝。检查人员手上不能含有刺激性较强的异味，如汽油、酒精、香水和其他化妆品气味，检查人员最好拿一些狐舍的垫草将手反复搓几次，让手上带有狐舍特有的气味。

4）精心护理仔狐。出生仔狐体温调节机能还不健全，生活能力很弱，全靠温暖良好的

产窝，以及母狐的照料生存。因此，窝箱内要有充足、干燥的垫草，以利于保暖。对乳汁不足的母狐，一是要加强营养；二是以药物催乳，可喂给4~5片催乳片，连续喂3~4次。如果经饲喂催乳片后，母狐乳汁仍不足，需将仔狐部分或全部取出，寻找保姆狐代养。

5）适时断乳分窝。断乳一般在50~60日龄进行，但是在母狐泌乳量不足的时候，有时在40日龄也要进行断乳，具体断乳时间主要依据仔狐的发育情况和母狐的哺乳能力确定。过早断乳，仔狐独立生活能力较弱，影响仔狐的生长发育，易造成疾病甚至死亡；过晚断乳，由于仔狐哺乳，母狐体质消耗过度而不易得到恢复，影响下半年的生产。断乳方法可分为一次性断乳和分批断乳两种。如果仔狐发育良好、均衡，可一次性将母狐与仔狐分开，此即一次性断乳；如果仔狐发育不均衡，母乳又不太好，可从仔狐中选出体质壮、体形大、采食能力强的仔狐先分出去，体质较差的弱仔留给母狐继续喂养一段时间，待仔狐发育较强壮时，再行断乳，此即分批断乳。

6）保持环境安静。在母狐的产仔泌乳期内，特别是产后20d内，母狐对外界环境变化反应敏感，稍有动静都会引起母狐烦躁不安，从而造成母狐叼、咬仔狐，甚至吃掉仔狐，所以给产仔母狐创造一个安静舒适的环境是十分必要的。

7）重视卫生防疫。母狐产仔泌乳期正值春雨季节，多阴雨天，空气湿度大，加之产仔母狐体质较弱，哺乳后期体重下降20%~30%，因此，必须重视卫生防疫工作。饲养人员每天都要清洗母狐的食、饮具，每周消毒2次，对笼舍内外的粪便要随时清理。

5. 种狐恢复期

种狐恢复期是指公狐从配种结束到性器官再次发育这段时间，银黑狐是3月下旬~9月初，北极狐是4月下旬~9月中旬；对于母狐为从断乳分窝到性器官再次发育这段时间，银黑狐是5~8月，北极狐是6~9月。种狐经过繁殖季节的体质消耗，体况较瘦，采食量少，体重处于全群最低水平（特别是母狐）。因此，种狐恢复期的主要任务是保证经产狐在繁殖过程中的体质消耗得以充分的补给和恢复，为下一年度的生产打下良好的基础。

（1）饲养要点 为了促进种狐的体况恢复，以利于第二年生产，在种狐的恢复初期，不要急于更换饲料。公狐在配种结束后的10~15d，母狐在断乳分窝后的10~15d，应继续给予配种期和产仔泌乳期的标准日粮，以后再逐渐转变为恢复期日粮。

（2）管理要点 种狐恢复期历经时间较长，气温差别很大，管理上应根据不同时间的生理特点和气候特点，认真做好各项工作。

1）加强卫生防疫。炎热的夏秋季，各种饲料应妥善保管，严防腐败变质。饲料加工时必须清洗干净，各种用具要洗刷干净，并定期消毒，笼舍、地面要随时清扫或洗刷，不能积存粪便。

2）保证供水。此期天气炎热，要保证饮水供给，并定期给狐群饮用0.01%高锰酸钾溶液。

3）防暑降温。狐耐热性较强，但是在异常炎热的夏、秋季也要注意防暑降温。除了加强供水外，还要将笼舍遮蔽阳光，防止阳光直射发生热射病等。

4）防寒保暖。在寒冷的地区，进入冬季后，就应及时给予足够垫草，以防寒保暖。

5）预防无意识地延长光照或缩短光照。养狐场严禁随意开灯或遮光，以避免因光周期的改变而影响狐的正常发情。

6）开展梳毛工作。在毛绒生长或成熟季节，如果发现毛绒有缠结现象，应及时梳整，以防止毛绒粘连而影响毛皮的质量。

7）淘汰母狐。产仔少、食仔、空怀、不护仔、遗传基因不好的种狐，下一年度不能再留做种狐。

6. 幼狐育成期

幼狐育成期是指幼狐脱离母狐的哺育，进入独立生活的体成熟阶段。此期是幼狐继续生长发育的关键时期，也是逐渐形成冬毛的阶段。此期的特点是幼狐生长发育快，体重增长呈直线上升。成年狐体形的大小、毛皮质量的优劣，都取决于幼狐育成期的饲养管理。

（1）饲养要点 幼狐育成期是狐一生中生长发育最快的时期，但在不同阶段（日龄）其生长发育的速度并不完全一致。随着日龄的增长，生长发育的速度逐渐减慢，达到体成熟后，生长发育几乎停止。生长期间，被毛也发生一系列的变化。幼狐出生时有短而稀的深灰色胎毛，50~60日龄时胎毛生长停止，银黑狐3~3.5月龄时针毛带有银环，8~9月初银毛明显，胎毛全部脱落，在外观上类似成年狐。

为保证幼狐育成期的生长发育和毛皮的良好品质，幼狐育成期的饲养标准规定为：每418kJ代谢能可消化蛋白质7.5~8.5g，并补充维生素和钙、磷等矿物质。刚断乳的仔狐，由于离开母狐和同伴，很不适应新的环境，大都表现出不同程度的应激反应，不想吃食。因此，分窝后不宜马上更换饲料，一般在断乳后的10d内，仍按产仔泌乳期的补饲料饲喂，以后逐渐过渡到幼狐育成期饲料。

对于留种的幼狐，在其育成期后期，饲料逐渐转为成年种狐的饲养标准，但饲料量要比成年种狐高10%，并每只每天增加维生素E 5mg。而不留做种用的取皮狐，从9月初到取皮前，在日粮中适当增加含高脂肪和含硫氨基酸多的饲料，以利于冬毛的生长。

（2）管理要点

1）适时断乳分窝。断乳前根据狐群数量，准备好笼舍、食具、用具、设备，同时要进行消毒和清洗。适时断乳分窝，有利于仔狐的生长发育和母狐体质的恢复。断乳太早，由于仔狐独立生活能力差，对外界环境特别是饲料条件很难适应，易出现生长受阻；断乳过晚，仔狐间常常出现争食咬架现象，影响弱仔的生长，母狐的体况也很难恢复，并且浪费饲料。

2）适时接种疫苗。仔狐分窝后15~20d，应对犬瘟热、狐脑炎、病毒性肠炎等重要传染病实行疫苗预防接种，防止各种疾病和传染病的发生。

3）断乳初期的管理。刚断乳的仔狐，由于不适应新的环境，常发出嘶叫，并表现出行动不安、怕人等状况。一般应先将同性别、体质和体长相近的同窝仔狐以2~4只为1笼共同饲养，1~2周后，再逐渐分开。

4）定期称重。仔狐体重的变化是生长发育的指标，为了及时掌握仔狐的发育情况，每月至少进行1次称重，以了解和衡量幼狐育成期饲养管理的好坏。在分析体重资料时，还应考虑仔狐出生时的个体差异和性别差异。

5）做好选种和留种工作。挑选一部分育成狐留种，原则上要挑选早产（银黑狐4月5日前出生，北极狐5月5日前出生）、繁殖力高（银黑狐产5只以上，北极狐产8只以上）、毛色符合标准的后代做预备种狐。挑选出来的预备种狐要单独组群，专人管理。

三、貉饲养管理

不同生产时期貉对营养的需求不同，生产侧重点也有差异，所以科学地细分貉的生产时

期，并在每个生产时期进行针对性的饲养管理，是有效进行貉饲养管理的保证。依据貉的生理特点划分不同生产时期，采用不同的饲养管理技术，才能最大限度发挥其生产潜力。

成年公貉的准备配种前期为10~11月；准备配种中期为12月；准备配种后期为第二年1月；配种期为2~3月；恢复期为4~9月。成年母貉的准备配种前期为10~11月；准备配种中期为12月；准备配种后期为第二年1月；配种期为2~3月；妊娠期为4~5月；产仔哺乳期为4~6月；恢复期为7~9月。仔貉的哺乳期为4~6月；育成期为7~9月，其中冬毛期为9月下旬~12月上旬。

为了便于饲养管理，根据不同时期貉的生理状态，划分为不同的生产时期，见表3-1。

表3-1　貉不同生产时期划分

<table>
<tr><th>时期</th><th>1月</th><th>2月</th><th>3月</th><th>4月</th><th>5月</th><th>6月</th><th>7月</th><th>8月</th><th>9月</th><th>10月</th><th>11月</th><th>12月</th></tr>
<tr><td>公貉</td><td rowspan="4">准备配种后期</td><td colspan="2">配种期</td><td colspan="6">恢复期</td><td colspan="2">准备配种前期</td><td rowspan="4">准备配种中期</td></tr>
<tr><td rowspan="3">母貉</td><td colspan="2">配种期</td><td colspan="3"></td><td colspan="3" rowspan="3">恢复期</td><td colspan="2" rowspan="3">准备配种前期</td></tr>
<tr><td colspan="2"></td><td colspan="2">妊娠期</td><td></td></tr>
<tr><td colspan="2"></td><td colspan="3">产仔哺乳期</td></tr>
<tr><td>仔貉</td><td colspan="3"></td><td colspan="3">哺乳期</td><td colspan="3">育成期</td><td colspan="2">冬毛生长期</td><td></td></tr>
</table>

1. 准备配种期

秋分以后，随着日照时间的逐渐缩短，貉的生殖器官逐渐发育，与繁殖有关的内分泌活动也逐渐增强，通过神经-体液调节，母貉卵巢开始发育，公貉睾丸也逐渐增大。冬至以后，随着日照时间的逐渐增加，貉的内分泌活动进一步增强，性器官发育更加迅速，到第二年1月末、2月初，公貉睾丸中已有成熟的精子产生，母貉卵巢中也已形成成熟的卵泡。貉在入冬前采食比较旺盛，在体内贮存了大量的营养物质，为其顺利越冬及生殖器官的充分发育提供了可靠保证。

此期饲养管理的中心任务是为貉提供所需要的营养物质，特别是生殖器官生长发育所需要的营养物质，以促进生殖器官的发育；同时注意调整种貉的体况，为顺利完成配种任务打好基础。准备配种期的饲养管理与貉的发情、受胎及产仔数均有直接关系，因此对这一时期的饲养管理应给予重视。

（1）饲养要点　一般根据光周期变化及生殖器官的相应发育情况，把此期划分为前、中、后3个时期进行饲养。

1）准备配种前期。主要任务是满足貉各类营养物质的需要，促进性器官发育、毛绒生长及幼貉的生长发育，增加种貉的体重。这一时期饲养的主要任务是补充种貉繁殖所消耗的营养，供给冬毛生长及储备越冬所需要的营养物质。日粮供应以吃饱为原则，过少不能满足需要，过多会造成浪费。此期饲料种类力求多样化，动物性饲料、植物性饲料均应由2~3种以上组成，动物性饲料不应低于20%~25%，维生素A 500 IU，维生素$B_2$2mg。为了增加皮下脂肪，可饲喂一些肉类、蚕蛹等高脂肪的饲料。每只貉每天喂量550~650g，10月每天喂2次，11月每天改喂1次，到11月末时种貉的体况应得到恢复，母貉应达到6.0kg以上，公貉应达7.0kg以上。

2）准备配种中期。此期冬毛生长发育基本结束，当年幼貉已生长发育为成年貉，公、母貉留种比例以1:(3~4)为宜。貉在自然光照下饲养，不能把貉放在背阴潮湿的地方，任何无规律地增加或减少光照，都会影响其生殖器官的正常发育和毛绒的正常生长。水对种貉的新陈代谢起着非常重要的作用，缺水会使种貉口渴、食欲减退、消化能力减弱、抗病力下降，严重时会导致代谢紊乱，甚至死亡。因此，要保证水槽内有清洁饮水，天气寒冷时每天可补给1次温水。对个别营养不良，发育受阻或患有疾病，有自咬症、食毛症的种貉可淘汰取皮。种貉的体况与繁殖力有着密切的关系，过肥、过瘦都会降低繁殖力。进入准备配种中期，饲养的主要任务是平衡营养，调整体况，促进生殖器官的发育和生殖细胞的成熟。应及时根据种貉的体况对日粮进行调整，动物性饲料不要低于25%~35%，要充分满足蛋白质、矿物质、维生素的营养需要。此期饲喂适量的酵母、麦芽、维生素A及维生素E等可对种貉生殖器官的发育和机能发挥起到良好的促进作用。在11~12月要注意观察种貉的体况，要控制在中等或中上等水平。

3）准备配种后期。饲养的主要任务是将公貉笼和母貉笼交叉摆开，使公、母貉隔网相望，刺激其性腺发育，对种貉进行催情补饲。增加貉的活动量，可使貉食欲增强，体质健壮，发情正常，性欲旺盛，公貉配种能力增强，母貉发情配种顺利。配种开始前要做好技术人员培训、配种方案制定、人工授精用品（如记录本、显微镜、烤箱、稀释液、输精器械、采精杯和采精架等）的准备工作。对日粮进行调整，动物性饲料不低于35%~45%，要充分满足蛋白质、矿物质、维生素的营养需要，每只貉每天可饲喂动物脑、肝脏20~30g。进入1月，要饲喂胡萝卜、麦芽20g，每隔2~3d喂一些大葱、大蒜、韭菜、蒜苗等刺激性饲料，可提高公貉性欲，促进母貉发情。每天饲喂量为400~500g，饲喂次数由1次改为2次，全天日粮按早饲40%、晚饲60%的比例饲喂。

（2）管理要点

1）调整种貉体况。准备配种中后期，管理工作的重点是调整体况，过肥、过瘦都会降低繁殖力。种公貉体况保持中等偏上，种母貉体况保持中等。通过调整，尽量使种貉的体况调到理想状态。一般理想的繁殖体况为公貉体重7.5~8kg，母貉体重6.5~7kg。临近配种期20~30d，种母貉的体重指数为110~120g/cm，种公貉体重指数为120~130g/cm。调整体况的具体方法是：对于过肥的貉，可适当减少饲喂量，或减少日粮中脂肪含量，喂食时可先喂瘦貉，过一段时间再喂肥貉，由于食欲刺激自然加强运动；或拿适口性好的饲料，在笼前引诱运动；还可把种貉关在运动场内使其增加运动量及适当增加寒冷刺激等方法降低其肥度，但切不可在配种前大量减料；对于瘦貉，可通过增加饲料量，或增加日粮中脂肪含量及加强保温等方法增加其肥度。

在实际生产中，种貉体况的鉴别方法主要以眼看、手摸为主，并结合体重指数来进行综合评定。过肥状况为被毛平顺光亮，脊背平宽，体粗腹大，行动迟缓，不愿活动，用手触摸不到脊骨；适中体况为被毛光亮，体躯匀称，行动灵活，肌肉丰富，腹部圆平，用手摸脊背，即不挡手又可感觉到脊背；过瘦体况为被毛粗糙，无光泽，肌肉不丰满，缺乏弹性，用手摸脊柱骨，可感到突出挡手。

2）做好催情补饲。调整到合适体况的种貉，在配种前催情补饲，有利于集中发情配种。种公貉在配种前21d开始减食7d，日粮降到250~300g；7d后日粮增至450~600g，体况达到中等偏上。种母貉在配种前14d开始减食，日粮降至200~250g；再从配种前第7天开始增食，日粮增到350~450g。

3）注意防寒保暖。准备配种后期天气寒冷，为减少貉抵御寒冷而消耗营养物质，必须注意保温，保证产箱内有干燥、柔软的垫草，堵住产箱的孔隙。投喂饲料时，注意温度，使貉可以吃到温热的食物，饮水供应达到每天2~3次。

4）搞好卫生防疫。12月取皮已经结束，要对全场进行全面清扫，清除粪便。貉固定位置排泄粪便的习性较差，有部分貉在产箱内拉粪尿，如果不注意产箱清洁，那么垫草潮湿、貉体脏污，造成貉毛绒缠结，所以要经常清理产箱，勤换垫草。地面用20%生石灰乳或2%氢氧化钠进行消毒，笼舍用火焰喷灯消毒。准备配种后期种貉要做好驱虫和疫苗接种工作。

5）加强驯化和运动。为了增强貉的体质，提高种貉的精子活力和繁殖率，要加强训练，用各种方法驱赶或吸引貉在笼中运动。加强对外界环境的适应性，让貉熟悉各种声音、色彩、气味等，以免貉产仔时听到异常声音、看到不同色彩时导致惊恐，引起食仔。

6）保证充足饮水。准备配种期内每天中午应饮用温水1次，冬季可喂给清洁的碎冰或散雪。饲喂颗粒配合饲料，每次饲喂后，饮用温水1次。

7）做好配种前的准备工作。维修好笼舍并用火焰喷灯消毒，编制配种计划和方案，准备好配种用具，对配种人员开展培训。将饲养和管理逐渐过渡到配种期的饲养和管理上，注意母貉的发情鉴定工作，做好发情鉴定记录，使发情的母貉及时交配。

2. 配种期

从配种开始到配种结束的这段时间称为配种期。由于各地气温和饲养管理不同，貉发情早晚差异很大。此阶段关键任务是使母貉都能发情，并适时配种，保证配种质量，使受配母貉尽可能全部受胎。为此，必须提高营养标准，保证正常发情和配种。加强饲养管理的各项工作，在管理方面最主要的就是搞好配种，定期检查母貉发情，正确、适时放对，观察其配种，围绕配种开展饲养和管理工作。

（1）饲养要点　配种期公、母貉的性欲增强，食欲下降，活动激烈，营养消耗很大，尤以种公貉更为突出，因此，每天要喂给全价日粮，尽可能地做到营养丰富、适口性强和易于消化吸收，以确保种公、母貉的健康。日粮中应增加动物性饲料的比例，动物性饲料不应低于35%~45%，同时增加肝脏、蛋、乳、动物脑等优质饲料。日粮中蛋白质应达100~120g，饲料总量不宜过大，力求少而精，每天喂400~500g，公貉酌情多喂。每天每只貉要喂青绿多汁饲料30~35g、酵母片15~20g，同时添加复合维生素与微量元素添加剂。每天饲喂2次，视公貉配种次数多少，中午酌情补喂鸡蛋、肝脏、乳或鲜鱼等，以补充体内营养消耗和提高精液品质。

（2）管理要点

1）科学制订配种计划，避免近亲繁殖。配种计划要在配种开始前进行全面的统筹安排，以优良类型改良劣质类型为主，避免近亲交配和繁殖。每天放对开始前根据前一天母貉发情检查情况，在避免近亲交配的前提下，制订当天的配种计划，尽可能根据母貉发情程度和公、母貉性行为，准确搭配。日配种计划制订得正确、合理，可使配种顺利进行，交配成功率高。养貉场在进行商品貉生产时，1只母貉可与多只公貉交配，这样可增加受胎机会；而在进行种貉生产时，1只母貉只能与同一只公貉进行交配，以保证所产仔貉谱系清楚。

2）准确进行发情鉴定，掌握好时机，适时放对配种。在配种期，首先要进行母貉的发情鉴定，以便掌握放对的最佳时机。发情检查每2~3d进行1次，对接近发情期者，要每天检查或放对。对首次参加配种的公貉要进行精液品质检查，以确保配种质量。

3）掌握好饲喂和放对时间。喂饲时间要与放对时间配合好，喂食前后 30min 不能放对。在配种初期由于气温较低，可以采取先喂食后放对；配种中后期可采取先放对后喂食。喂食时间服从放对时间，以争取配种进度为主。

4）增加运动量。当貉进入配种阶段，将公、母貉每天放出运动 15~20min，对促进发情与提高精子活力有良好效果，从而提高受胎率和仔貉成活率。

5）及时检查维修笼舍，防止种貉逃跑而造成损失。每次捉貉检查发情和放对配种时，应胆大心细，捉貉要稳、准、快，既要防止跑貉又要防止被貉咬伤。经常检查笼舍，发现有损坏，要及时维修。

6）细心观察，预防疾病。配种期由于性冲动，食欲很差，因此要细心观察貉群的食欲、粪便、精神、活动等情况，正确区分发情貉与发病貉，以利于及时发现和治疗，确保貉的健康。

7）保证饮水。除日常饮水充足、清洁外，配种期公、母貉运动量增大，加之气温逐渐回升，貉的需水量日益增加。此期每天要保持水盆里有足够的饮水。

8）保持貉场安静。貉胆小易惊，在配种期间，禁止外来人进场，避免噪声等刺激。在进行各种操作时，严禁采用强硬手段或粗暴态度。控制放对时间，保证种貉有充分的休息，确保母貉正常发情和适时配种。放对后要注意观察公、母貉的行为，防止咬伤。若发现公、母貉互相有敌意时，要及时分开。放对 30min 内达不成交配的，应将母貉拿出，免得影响公貉休息。母貉按配种结束日期，依次安放在养殖场中较安静的位置，进入妊娠期饲养管理，以防由于放对配种对其产生影响。

9）做好配种记录。配种期间要做好配种记录，记录公、母貉编号，每次放对日期、交配时间，交配次数及交配情况。

3. 妊娠期

妊娠期一般为 2 个月。此期是决定繁殖成功与否、生产成败、效益高低的关键时期。饲养管理的中心任务是保证胎儿的正常生长发育，做好保胎工作。此期母貉的生理特点是胎儿发育，乳腺发育，开始脱冬毛换夏毛。妊娠期貉的机体发生复杂的生理变化，既要满足自身新陈代谢的维持需要，还要为体内胎儿的生长发育及为产后哺乳积蓄营养。

（1）饲养要点 貉妊娠期的营养需求是全年最高的，对营养数量需求也大，特别是初产母貉，除供给胎儿生长发育外，自身还要继续生长发育，同样需要较多营养。此期貉的日粮中优质动物蛋白质饲料鱼类的比例应提高些。喂量要适当，妊娠期总热量不宜过高，防止母貉过肥。如果饲养不当，营养不足将会造成胚胎被吸收、死胎、烂胎、流产等妊娠中断现象。在日粮安排上，要做到营养全价、品质新鲜、适口性强、易于消化，腐败变质或怀疑有质量问题的饲料，绝对不能喂貉。饲料品种应尽可能多样化，饲料配方保持稳定。

妊娠前期（1~20d）对营养要求量不是很大，主要应强调质量，特别是蛋白质质量要高，必需氨基酸和维生素应充分平衡。不要喂脂肪偏高的饲料，日粮能量水平应低些为好，否则母貉体内脂肪沉积过多，易产死胎、弱胎，乳腺发育不良，影响泌乳量。每天日粮喂量为 500~750g，体况维持中等至中上等。妊娠中期（20~40d），随着胎儿发育，母貉对营养需要数量越来越大，应逐渐增加动物性饲料比重与日粮喂量，以满足胎儿生长发育与产后泌乳。妊娠后期（40d 至出生），胎儿发育迅速，为了避免过分充满的胃肠压迫子宫，影响胎

儿营养的正常吸收，此期母貉最好每天饲喂 3 次，少食多餐。妊娠后期母貉时常感觉口渴，笼中必须经常保持有洁净饮水。

胎儿初生体重大小、强弱与母貉妊娠期营养水平息息相关，若想获得初生体重大与生命力强的仔貉，整个妊娠期必须满足母貉的蛋白质、矿物质、维生素需要。母貉的日粮里应逐渐增加骨粉、贝粉等矿物质饲料，否则妊娠期母貉钙、磷不足，导致仔貉患佝偻病或产后瘫痪或骨软症，严重时引起母貉食仔。妊娠母貉日粮必须多样化，其中动物性饲料、植物性饲料、青绿饲料应在 3~4 种以上，鲜鱼、乳、蛋类是妊娠母貉理想的动物性饲料。饲料喂量要逐渐增加，妊娠中后期，每天应喂 2~3 次。若喂干饲料，必须保证充足饮水，青绿饲料以苣荬菜、蒲公英、麦芽等为好，对促进泌乳有良好效果。

（2）管理要点　中心任务是保持环境安静，保证胎儿正常发育。

1）保持环境安静，谢绝外人参观。保持棚舍安静，清除各种应激因素，禁止外人参观。饲养人员可在妊娠前、中期接近母貉，以使母貉逐步适应环境的干扰，至妊娠后期则应逐渐减少进入貉场的次数，并保持安静。减少捕捉次数，杜绝跳跃捕食，减少各种机械性流产因素。

2）加强驯养调教。增加驯养调教次数，人尽量多接触貉，与貉亲近，使其不怕人。尽量创造产仔时可能遇到的场面，以适应声音、色彩、异味等，这样产仔遇到上述情况就不至于惊恐、食仔等异常情况发生。

3）注意观察，预防疾病。注意观察貉的食欲、消化、活动情况及精神状态等，发现病貉不食，及时治疗，使其尽早恢复食欲，以免影响胎儿发育。妊娠母貉在妊娠初期，有的出现妊娠反应，表现为吃食少或拒食，此时可每天补充 5%~10% 葡萄糖。发现有流产症候者，每只肌内注射黄体酮 10~15mg，维生素 E 15mg，以利于保胎。妊娠期内注意笼舍的维修，防止跑貉，一旦跑貉，不要穷追猛打，以防机械性损伤而造成流产，或引起其他妊娠貉的惊吓。

4）保持环境卫生。保持环境清洁干燥，搞好笼舍卫生，产箱里经常有清洁、干燥和充足的垫草，以防寒流侵袭引起感冒。

5）做好产前准备。准备产箱，在预产期前 2 周，应将产箱再次清理、消毒，并用柔软的垫草絮窝；垫草具有保温和有利于仔貉吸乳的双重作用，垫草应一次絮足，防止产后缺草，天气寒冷时，可用棉门帘、塑料布盖严产箱；水盒要加足水，备好药品、维生素 C 和催产素等；根据配种日期，推算预产期，并将预产期记录在产箱上，以便做好母貉临产前的准备工作；饲养员要经常观察母貉，发现问题及时处理。

4. 产仔哺乳期

产仔哺乳期是从母貉产仔开始到仔貉离乳分窝为止的时期。产仔保活、促进仔貉生长发育是产仔哺乳期的中心任务。此期饲养管理的好坏直接影响到母貉的泌乳能力和泌乳持续时间及仔貉的成活率，并且影响全年经济效益。所以，必须做好产仔哺乳期的饲养管理。

（1）饲养要点　为了提高泌乳量，促进仔貉生长发育，哺乳母貉要饲喂高水平饲料。体重 6~8kg 的母貉，若产仔 7~9 只，平均每天喂混合饲料 1000~1200g。动物性饲料可占 40%~50%（其中乳类占 50%左右），油饼类占 5%~7%，谷类及糠麸类占 35%~40%，适当减少玉米面喂量，增加麦麸喂量，青绿多汁饲料可占 10%~15%。此外，每只母貉每天补给食盐 3~5g，骨粉、石灰石粉 15~20g，干酵母 10~12g，维生素 A1000IU，维生素 C 50mg。若无奶类可用豆浆代替调食，每天每只母貉喂豆浆 150~200g 或饲喂 1 枚鸡蛋，饲料力求多样化，营养全面。

饲料要保持新鲜、清洁，外购的鲜鱼、肉类经煮熟无害化处理后再喂，特别是夏季尤为重要。饲料要细致加工，浓度尽量稀些。母貉泌乳消耗大量营养，不仅饲料品质要高，而且量要足，吃多少喂多少，以不剩食为宜。但必须根据母貉产仔数、仔貉日龄等不同，区分对待，不能一律平均分食。在断乳分窝前半个月尽量增加食盐，逐渐增加仔貉断乳后要饲喂的饲料，使仔貉有习惯和适应过程，减少应激，以免断乳后突然改变饲料，引起仔貉胃肠疾病，导致生长发育缓慢和降低成活率。有些母貉虽已妊娠，但因发生隐性流产，胎儿被母体吸收，导致母貉慢性酸中毒，食欲降低。对这类母貉，尽量增加青绿多汁饲料喂量，同时在日粮中加入 0.5~1g 小苏打（碳酸氢钠），以缓解酸中毒。

对缺乳母貉要增加饲喂次数与饲喂量，多喂些乳、蛋类饲料。增加鲜活的小杂鱼喂量，同时增加苣荬菜、蒲公英、麦芽、胡萝卜等青绿多汁饲料，以利于催乳。每天喂 1~2g 小苏打，分早、晚两次掺入饲料中饲喂。催乳可用猪骨煮汤拌料，但骨汤不宜过浓，否则易引起仔貉腹泻，影响生长发育。还可用中草药当归、王不留行、漏芦、通草各 5~10g，用水煎汁调料喂服，每天 1 次，连喂 3d。此外还可以用人催乳药，参照说明书使用。

（2）管理要点 中心任务是提高母貉的泌乳量，提高仔貉成活率，防止仔貉自然死亡，或其他原因被母貉咬死或吃掉，这是取得良好生产效益及经济效益的关键环节。

1）正确判断母貉产仔。母貉产仔一般在清晨和晚上，此时母貉喝水次数剧增，外阴部多数可见血迹，同时在产箱处能听到仔貉的叫声。

2）母貉难产处理。母貉已出现临产征候，但迟迟不见仔貉娩出，表现惊恐不安、频频出入产箱、常常回视腹部并有痛苦状，已见羊水流出，但长时间不见胎儿娩出的均有难产的可能。发现难产并确认子宫颈口已张开时，可以进行催产，给母貉肌内注射催产素 2~3mL。如果 2~3h 后仍不见胎儿娩出时，可进行人工助产，即先用消毒药液对母貉外阴部进行消毒，之后用甘油润滑阴道，将手伸入貉阴道内将胎儿拉出。如果经催产和助产均不见效时，可根据情况进行剖腹取胎，以挽救母貉和胎儿。

3）产后检查。产后检查主要是检查产出的仔貉及哺乳情况，但为了尽量少打扰母貉，除了几次关键检查外，主要通过听、看来判定。第一次检查是在产仔后 6~8h、晴朗温暖的中午进行。检查前先用笼舍内垫草擦手，消除异味，并把母貉赶出产箱，迅速地逐个检查，健康仔貉叫声洪亮、短促有力、发育均匀、浑身圆胖、肤色深黑，在窝内抱成一团，拿在手中挣扎有力。通过检查找到弱仔，并取出进行护理，如果发现脐带黏缠仔貉，则用剪刀剪断。以后以少检查为宜，主要根据母貉表现及仔貉的叫声来判定，如果发现母貉不护理仔貉而使仔貉吃不上乳，要及时将仔貉取出，进行人工饲喂或代养。

4）初生仔貉的护理。发现有落地仔貉应马上捡起，未脱掉的胎衣帮助剥去，剪掉脐带，留 3cm 长，然后放回笼里，母貉将仔貉叼入窝内。整个产仔哺乳期要密切注意仔貉的生长发育情况，判断母貉泌乳量的多少及乳汁的质量好坏，发现母乳少、质量差，要及时代养仔貉。

5）泌乳母貉的管理。通过对母貉的吃食、粪便、乳头的观察来初步判断母貉的基本情况，加强防暑防潮，每天清扫产箱，勤换产箱垫草，创造良好的哺乳环境。

母貉泌乳量从产仔开始逐渐增加，直到产后20d前后达到高峰。因此要根据母貉食量、产仔数和仔貉日龄每天逐渐增加营养和喂料量，提高肉、鱼、乳、蛋类比例，增加脂肪喂量，供应清洁饮水，促进乳汁分泌，延长产乳高峰期。仔貉3周龄左右开食，并由母貉将食叼入产箱内，此时饲料加工要稀而细碎并充分煮熟，保证质量和营养的全面非常重要。喂量要充足适度，一般每天喂2次，对产仔数多的母貉要在中午补饲。注意补加鱼肝油、肝脏、饲料酵母、多种维生素和矿物质添加剂等。

6）仔貉的代养。代养可克服母貉乳汁不足或母性不好带来的哺乳困难，从而提高仔貉成活率。当母貉产仔数达12只以上、母貉体能下降大和乳汁严重不足、剖腹产、有食仔情况时，均需进行仔貉代养。一般留下10~12只即可，其余的择母代养。接受代养的母貉必须母性强、泌乳量高、产仔数较少，同时要求仔貉出生日期接近。代养时，首先选择强壮的仔貉，因为弱小的仔貉代养后可能抢不到乳头。方法是把代养母貉引出产箱，用代养母貉窝内的垫草或者粪尿在寄养仔貉身上轻轻擦拭，然后将寄养仔貉混放于代养母貉的仔貉中，将母貉放回产箱。饲养人员要在远处观察，看代养母貉有无弃仔现象，发现弃仔、叼仔或咬仔时，要重新找代养母貉。

7）仔貉补饲。随着仔貉的生长，吸乳量加大，母貉泌乳量日渐下降，依靠母乳很难满足仔貉的营养需要，必须给仔貉补饲，让其自由采食，以弥补乳汁的不足。仔貉在15~20日龄开始吃食时，要注意适当给母貉补饲；到20~25日龄时母貉泌乳能力下降，要适当对仔貉补饲。方法是将新鲜的动物性饲料细细地绞碎，加入少量的谷物饲料、乳品或蛋类饲料，调匀后喂给仔貉。随着仔貉生长发育的加快，补饲的饲料量逐渐加大，并向育成期饲料过渡。当仔貉开始吃食后，由于母貉不再舔食仔貉粪便，仔貉的粪尿排在产箱里，污染了产箱和貉体，所以，要注意产箱的卫生，及时清除仔貉的粪便及被污染的垫草，并添加适量干草。否则，产箱过脏和潮湿，易造成仔貉胃肠道和呼吸道疾病。

8）及时断乳分窝。仔貉到40~50日龄时，已具备独立生活的能力，应及时断乳分窝。具体断乳分窝时间主要依据仔貉的发育情况和母貉的哺乳能力确定，一般在50~60日龄分窝。过早断乳，因仔貉独立生活能力较弱，影响仔貉的生长发育，易造成疾病甚至死亡；过晚断乳，由于仔貉哺乳，母貉体质消耗过度而不易得到恢复，影响下半年的生产。因此，必须做好适时断乳分窝工作。分窝方法可分为一次分窝和分批分窝2种，一次分窝是同窝仔貉发育均衡且正常时，将仔貉一次全部分出单笼饲养；分批分窝是同窝仔貉发育不均衡时，先将强壮的、能独立生活的仔貉分出，留下较弱的仔貉继续哺乳一段时间后再分出。断乳分窝时，把母貉拿走，留下仔貉，这样可防止仔貉应激，有利于成活。刚断乳的幼貉消化机能还不十分健全，对环境的适应能力不强，易患肠炎或尿湿症。把幼貉捕捉出来，放入消毒好的笼内，每个笼内放入3~4只幼貉，当幼貉长到70日龄时再每笼1~2只饲养。分窝同时要做好系谱登记和卫生防疫。

9）保持环境安静。在产仔哺乳期，特别是产后25d内，一定要保持饲养环境安静，谢绝参观，以免因环境嘈杂使母貉惊恐不安，引起吃仔、叼仔或泌乳量下降。母貉产后缺水，或日粮中维生素和矿物质不足，也会发生吃仔现象。经改善饲料后，仍有吃仔恶癖者，应及时将母仔分开，并将母貉当年淘汰。

10）加强卫生防疫。母貉产仔哺乳期正值春雨季节，阴雨天较多，空气湿度较大。再加上产仔母貉体质虚弱，哺乳后期体重下降20%~30%，故易发生疫病。因此，必须重视卫生防疫工作，加强食、饮具和笼舍的清洁卫生。仔貉断乳分窝后 2 周开始注射犬瘟热疫苗和病毒性肠炎疫苗，仔貉首次注射 2mL，2 周后再加强免疫 1 次。

5. 育成期

育成期是指仔貉断乳后至体成熟这一段时间。此期是幼貉继续生长发育的关键时期，也是逐渐形成冬毛的阶段。可以说，最终幼貉体形的大小、毛皮质量的优劣，主要取决于幼貉育成期的饲养管理。幼貉育成期饲养管理的主要任务是：在数量上要保证成活率，尽量保持分窝时的数量；在质量上保持优质率，要在此期结束时，达到本品种的标准体况和毛皮质量，从而获得张幅大、质量好的毛皮产品，还要培育出优良的种用幼貉，为继续扩大生产打下基础。

（1）饲养要点 幼貉断乳后 2~6 月龄生长发育最快，这时是决定其体形大小的关键时期，一旦生长发育受阻，即使以后加强了营养，也很难弥补这一损失。同时幼貉表现食欲旺盛，采食量大，对各种营养特别是对蛋白质和矿物质饲料需要量较大。因此除供给优质、全价及能量高的饲料外，还应注意钙、磷、维生素和脂肪的补充。特别是育成前期有必要加强幼貉钙、磷和蛋白质营养，以促进其骨骼和肌肉充分发育。日粮组成中应含有以下基本营养物质，3 月龄为可消化蛋白质 35~45g、脂肪 30~60g、碳水化合物 70~90g；3~4 月龄为可消化蛋白质 45~60g、脂肪 16~23g、碳水化合物 90~130g；4~5 月龄为可消化蛋白质 60~65g、脂肪 20~25g、碳水化合物 130~150g；维生素 A 2500IU，维生素 D 200IU，维生素 C 30mL，维生素 E 3~5mg，维生素 B_1 10mg，骨粉 7~10g，食盐 2~2.5g，亚硒酸钠片每月饲喂 1~2 次，每次每只 1mg。幼貉育成期每天喂 2~3 次，喂 2 次时，早、晚分别占全天日粮的 40% 和 60%；喂 3 次时，早、中、晚分别占全天日粮的 30%、20% 和 50%，让幼貉自由采食，以不剩食为准。

（2）管理要点

1）注意笼底网眼大小。幼貉笼底的网眼不能太大，特别是用铁条焊的呈平行状的笼底，铁条距离不能过宽，否则，幼貉不敢在上面行走，只能战战兢兢地不动，或 4 条腿吊悬在笼底下，肚皮挨着笼底不能动，这样将导致幼貉吃的食物终日不能消化，从而出现因胀肚而死亡的现象。如果笼底网眼大或铁条距离宽，那么在笼底加一层网眼大小为 3cm×3cm 的铁丝网即可。

2）夏季管理。幼貉育成期正处于炎热的夏季，管理上要特别注意防暑防病。水盒、食具要经常清洗、定期消毒，产箱和笼舍中的粪便及剩食要随时清除，以防放置时间过长而发生腐败引起胃肠炎等疾病。刚断乳的幼貉消化饲料机能还不十分健全，对环境的适应能力不强，易患肠炎或患尿湿症，应在产箱内铺垫清洁、干燥的垫草。小暑至立秋，幼貉生长速度往往下降，生长速度下降可能与热应激有关。所以，对于人工饲养的幼貉要采取相应的温度管理措施，保持貉笼通风良好，增加饮水次数，在笼舍下面洒水降温，笼舍要避光或设遮阴棚，避免阳光直射。中午炎热时，要轰赶幼貉运动，以防中暑。

3）初选和复选。结合分窝进行初选，每年补充一定数量的幼貉作种貉。补充幼貉的数量一般不超过种貉的 40%。选留种貉的条件是出生早、个头大、毛色好，其母貉产仔 10 只以上，并且泌乳能力强，成活率高。母貉外生殖器发育正常，乳头多；公貉四肢健壮，睾丸发育正常。选留的幼貉要公母分组饲养，并做好标识。复选在 9 月左右进行，主要依据是幼貉的生长发育情况，选留数量要比计划留种数多 20%~25%，以便在精选时淘

汰多余部分。

4）分群饲养。复选之后，种貉与皮貉分群饲养。种用幼貉的饲养管理与准备配种期成年貉相同，主要是加强营养，适当限制食量，不能像皮貉那样饲喂过肥，以免影响发情配种。皮貉饲养标准可稍低于种貉，主要是保证正常生命活动及毛绒生长成熟的营养需要。可利用一些含脂率高的廉价动物性饲料，这样有利于提高肥度，增加毛绒的光泽，既提高毛皮质量，又可降低饲养成本。皮貉的产箱要铺设垫草以利于梳毛，搞好卫生以防毛绒被污染及毛绒缠结。另外，饲料投喂量可比种貉多，保证长成大体形，以便于取得大皮张。

6. 冬毛生长期

冬毛生长期通过良好的饲养管理，貉能很好地完成夏毛快速脱落、冬毛高质量生长、皮下脂肪大量沉积和高等级皮板的成熟。

（1）饲养要点　8月上旬立秋以后天气渐渐凉爽。炎热的夏季即将过去，仔貉体形已基本接近成貉大小，这时是种貉选种的最好时期，经过选种后留种貉群，可与要取皮的商品貉群分开饲养。进入9月以后，仔貉由原来生长骨骼和内脏为主，转向生长肌肉和体内沉积脂肪为主，向貉体成熟的冬毛生长期过渡，貉群食欲普遍增长，貉体开始脱掉粗长的夏毛，长出柔软光滑的冬毛，此时，貉新陈代谢水平仍很高，蛋白质水平仍呈正平衡状态。因为毛绒是蛋白质的角化产物，所以对蛋白质、脂肪和某些维生素、微量元素的需要量仍很大。此时貉最需要的是构成毛绒和形成色素的必需氨基酸，如半胱氨酸、蛋氨酸等含硫的氨基酸和苏氨酸、酪氨酸、色氨酸等不含硫的氨基酸，此外还需要不饱和脂肪酸，如亚麻油二烯酸、亚麻酸、二十碳四烯酸和磷脂、胆固醇，以及铜、硫等元素，这些都必须在日粮中得到满足。日粮中以谷物性饲料为主，动物性饲料为辅，尽量既节约动物性饲料费用的投入，又能使其吃饱吃好，使体形长到最大限度。日粮配方是动物性饲料占35%，脂肪占5%，玉米占45%，麦麸、大豆粉占10%，各种蔬菜占5%；同时在饲料中添加适量的食盐、骨粉、维生素A、维生素E、B族维生素、维生素C等。每天饲喂2次，全天日粮按早饲40%、晚饲60%的比例饲喂，保证充足的饮水。

在目前的貉养殖中，普遍存在忽视冬毛期的弊病，不少貉场单纯为降低成本，在此期间采用低劣、品种单一、品质不好的动物性饲料，甚至大量降低日粮中动物性饲料的含量。结果因貉营养不良导致出现大量带有夏毛、毛峰钩曲、底绒空疏、毛绒缠结、零乱枯干、后档缺针、食毛症、自咬症等明显缺陷的皮张，严重降低了毛皮品质。

（2）管理要点　进入9~10月，幼貉已长到成年貉大小，应进行选种分群。选种后种貉与皮貉分群饲养。种用幼貉的饲养管理与准备配种期的成年貉相同。皮貉的饲养要点是保证毛绒生长成熟的营养需要，可利用一些含脂率高的廉价动物性饲料，有利于脂肪蓄积，增加毛绒的光泽，提高毛皮质量。冬毛生长期前后采用高能日粮自由采食，有利于貉生产性能的发挥。皮貉的窝箱垫草有利于梳毛，应搞好卫生，以防毛绒污染或缠结。

1）严把饲料关。貉冬毛生长期在掌握饲料营养全面的同时，管理工作也不容忽视。冬毛生长期在保证饲料营养的基础上，质量一定要把好关，防止病从口入；食盆、场地和笼舍要注意定期消毒。

2）分群管理。冬毛生长期种貉和皮貉分开饲养后，通常将种貉放在阳面，使其有充足的光照，有利于器官的发育。皮貉饲养在貉棚的阴面，避免阳光直射使绒毛变成褐色。

3）做好皮毛保护工作。为了使貉安全越冬，从秋分开始换毛以后，一定要搞好笼舍卫生，保持笼舍环境的洁净干燥，应及时检查并清理笼底和窝箱内的剩余饲料与粪便。及时维修笼舍，防止污染毛绒或锐利物损伤毛绒。在做好防寒工作的同时，一定要保证棚舍通风良好。

4）勤于观察。一定要注意经常观察貉的换毛情况及冬毛长势，做到早发现、早采取措施。如果发现自咬、食毛，应根据实际情况及早采取措施，以防破坏皮张，遇有毛绒缠结时应及时进行活体梳毛。

（3）种用幼貉与皮用幼貉的管理要点 除了一般性管理以外，种用、皮用幼貉在管理上尚有一些特殊的要求。

1）种用幼貉。在幼貉育成后期，种用幼貉应该进入准备配种期管理。不能像皮貉那样可以提高肥度，应注意保持体形，公貉配种才能顺利。主要是加强营养，适当限制食量，其管理措施与种貉准备配种期相同。

2）皮用幼貉。皮用幼貉管理主要是加强毛绒生长管理。第一，注意保持毛绒卫生干净，要固定好食盆，以免貉踩翻食盆污染毛皮，还要及时清扫粪便，搞好卫生，保持针毛毛根爽直，不发生被毛缠结。第二，多在窝箱内铺设柔软干燥的垫草，以使幼貉在上面梳毛，清理毛绒。第三，饲料投喂量可比种貉多，保证长成大体形，以利于取得大皮张。

7. 恢复期

种公貉的恢复期是从配种结束至生殖器官再度开始发育这段时间，种母貉的恢复期是从仔貉断乳分窝至9月这段时间。

（1）饲养要点 由于种貉在繁殖季节体力消耗较大，体重下降，身体消瘦，恢复期的饲养任务是加强营养，增加肥度，给越冬及冬毛生长贮存营养，并为下一年提高繁殖率打下基础。因此在饲养上无论是种公貉还是种母貉，都要在繁殖结束后恢复期开始20~30d，分别饲喂配种期和产仔哺乳期的日粮。待貉体基本恢复后再饲喂正常种貉恢复期日粮。种貉恢复期每天需饲喂混合饲料500~600g，此期日粮中动物性饲料占25%~30%，蔬菜占15%~20%，并补加3~5g骨粉、2g食盐，适当减少日粮中动物性饲料，每天饲喂2次。对到9月体况仍没有恢复适中的种貉要提高饲料营养水平，加强饲养。

（2）管理要点 种貉的恢复期较长，应根据不同时间的天气特点和生理特点做好管理工作。

1）加强卫生防疫。夏秋季节，气温高、湿度大，各种饲料应妥善保管，严防腐败变质。饲料加工时须清洗干净，各种用具也要洗刷干净并定期消毒。笼舍、地面要随时清扫或洗刷，不能积存粪便。

2）保证供水。天气炎热要保证饮水供给，并定期饮用0.01%高锰酸钾溶液。

3）防暑降温。貉的耐热性虽然较强，但在异常炎热的夏秋季节，也要注意防暑降温。除加强供水外，还要对笼舍遮蔽阳光，防止阳光直射发生日射病。

4）控制光照。严禁随意延长或缩短光照，严禁随意开灯或遮光，以免因光周期的改变影响貉的正常发情。

5）搞好梳毛工作。在毛绒生长或成熟季节，若发现毛绒缠结，应及时梳整，从而减少毛绒粘连，防止影响毛皮质量。

第三节 规模化特禽养殖场的饲养管理关键技术

一、雉鸡饲养管理

1. 育雏期

（1）饲养要点 出壳12h后可开水，开水后1~2h开食，开食3~5d以湿拌料为主。1~3日龄每天饲喂6~7次，4~7日龄每天5~6次，8~30日龄每天5次以上，以后每天4次。

（2）管理要点 育雏期开始设置温度为35℃，每周下降2.5℃，直到羽毛长齐降至21℃。笼养育雏温度前期为37~39℃，逐渐降温，5~6周龄降为室温。1周龄内相对湿度为65%~70%，1~2周龄为60%~65%，2周龄后为55%~60%。1周龄内要求最小的空气流动。网上平养密度1~10日龄，50~60只/m^2；10~20日龄，30~40只/m^2。转入立体笼饲养密度21~42日龄，20~30只/m^2；43~60日龄，10~20只/m^2。2周龄时进行断喙，根据实际情况制定免疫接种程序。

2. 育成期

（1）饲养要点 可适量降低动物性蛋白质饲料的比例，饲料不宜碾得过细。采用干喂法，前期每天饲喂5次，每次间隔3h；或每天饲喂4次，每次间隔4h；后期减少至每天饲喂2次。每100只雉鸡应设置2.5L的料桶和4L饮水器各4~6只。

（2）管理要点 限制饲喂，7~8周龄进行第二次断喙，转入育成舍按照体形大小和强弱进行分群管理。5~10周龄为6~8只/m^2，以300只为一群为宜；11周龄为3~4只/m^2，以100~200只为一群为宜。保持卫生，定期消毒。按照要求免疫。

3. 种雉鸡

（1）繁殖准备期

1）饲养要点。饲喂全价饲料，适当控制种雉体重，避免因体重过大、体质肥胖而造成难产、脱肛或产蛋期高峰变短、产蛋量减少等现象。

2）管理要点。开产前2周左右进行公母合群，以公母比为1∶(4~6）为宜；大群配种不超过100只，小群配种以1只公雉与适量母雉组成。母雉应进行修喙，公雉和后备种公雉应剪趾。产蛋期采用笼养，18周龄从育成舍转群到产蛋舍，公、母雉均以采用单笼饲养为宜，一般在产蛋率达50%时做人工授精，自然交配也可采用每笼1公6母的饲养方法。

（2）繁殖期

1）饲养要点。饲喂次数应满足交配、产蛋等要求，每天9:00前和15:00后喂料2次。天气炎热时，适当提前和延后，以增加采食量。采用定时饲喂的情况下，饲喂湿粉料比干粉料的采食速度快。供给充足的清洁饮水。笼养时可使用全价颗粒饲料，料槽中保持一定数量饲料，确保晚上关灯前能吃到饲料。地面平养时，每只雉鸡应占有4~6cm长的料槽，每100只雉鸡配备4~6个4L的饮水器，饮水器和料槽定期清洗消毒（每周不少于2次）。

2）管理要点。地面平养，尽快确立“王子雉”，也可人为帮助“王子雉”确立，早稳群。规模化笼养时，人工控制饲养环境。饲喂方式可采用自动化喂料系统和乳头式饮水器。每周进行雉鸡消毒。舍内温度以22~27℃最佳，光照时间为16h。

种雉鸡对外界环境敏感，一旦有异常变化，会躁动不安，因此，饲养人员应穿着统一工作服，喂料和拣蛋动作要轻、稳，产蛋舍谢绝外来人员参观，并禁止各种施工和车辆出入，防止动物在舍外走动。地面平养时每4~6只母雉配备1个产蛋箱，产蛋高峰时每隔1~2h拣蛋1次，天气炎热时增加拣蛋次数。加强日常的清洁卫生，及时清除粪便、清洗料槽和饮水器，保持圈舍干燥。每2周对鸡舍和运动场及产蛋箱进行1次消毒。

二、火鸡饲养管理

1. 育雏期

（1）饲养要点 雏鸡进入育雏室即可饮水，水中可添加适量葡萄糖或维生素C等，饮水后2h开食。如果小规模饲养，可将青绿饲料切碎拌入全价料中。

（2）管理要点 1周龄温度为35~38℃，每周降低2℃左右，保持在20~23℃。相对湿度2周龄为60%~65%，2周龄以上为55%~60%。光照时间为1~2日龄每天22h，随后逐渐下降，22~42日龄保持在每天16h。饲养密度为1周龄30只/m^2、2周龄20只/m^2、3~6周龄10只/m^2、7~8周龄7只/m^2，但具体需要根据饲养品种及饲养方法调整。10~14日龄去除肉赘、去趾和断喙。严格按照免疫程序接种鸡痘、新城疫和禽流感疫苗。

2. 育成期

（1）饲养要点 限制饲养，一般把两天的定量在一天中1次饲喂，另外一天停喂，但不能间断饮水。

（2）管理要点 幼火鸡阶段的温度、湿度和通风换气同雏火鸡。采用14h连续光照。饲养密度为大型3只/m^2、中型3.5只/m^2、小型4只/m^2。在8周龄以后可放牧饲养，每天上、下午各放牧1次，每次1.5h，1周后可增加至5~6h。青年火鸡公鸡光照时间为连续12h。舍内外应增加沙浴槽。

3. 产蛋期

（1）饲养要点 为了满足火鸡产蛋期间的营养需求，蛋白质营养水平保持在18%~20%，以饲喂全价配合饲料为宜。

（2）管理要点 适宜温度为10~24℃，相对湿度为55%~60%。母鸡28~43周龄光照时间为14h，44~55周龄增加至16h，光照强度不少于50lx。公鸡采用12h连续光照。饲养密度为公鸡1.2~1.5只/m^2、母鸡1.5~2只/m^2。平养时设置产蛋箱，产蛋箱规格一般为宽35~40cm，高50~55cm，深50~55cm。前门留有5~10cm的小门，4~5只鸡共用1个产蛋箱。产蛋期也要防止就巢，放“防抱窝圈”，大小和数量以饲养数量进行调整，一般可容纳总数的1%~1.5%，抱窝火鸡每天到防抱窝箱1次，直至醒抱为止。

三、珍珠鸡饲养管理

1. 育雏期

（1）饲养要点 出壳12~24h可饮水开食，采用湿拌料，1周龄每只鸡每天15g，每天8次；2周龄每只鸡每天20g，每天4次；3周龄每只鸡每天24g，每天3次。

（2）管理要点 出壳后温度为35~38℃，每周下降3℃左右，至21℃为止。前期相对湿度保持在60%~65%，后期保持正常湿度即可。育雏2周内根据舍外气温和室内空气状况，增加通风量。开放式鸡舍，可利用自然光补充人工光照方法，根据鸡舍结构、饲养设备、环

境温度及日龄的大小决定。饲养密度为 1 周龄 50~60 只/m^2，2 周龄 30~40 只/m^2，3 周龄 20~30 只/m^2。10 日龄内断喙和切去左或右侧翅膀的飞节。

2. 育成期

（1）饲养要点　育成前期的粗蛋白质含量要高于后期，前期粗纤维含量要低于后期。平均耗料量为每天 40g，饮水量为采食量的 2.5 倍。每天饲喂 3 次，需要适当限饲。

（2）管理要点　育成前期光照时间为 8~9h，饲养密度为 15~20 只/m^2；育成后期光照时间增加到 14h，饲养密度为 6~15 只/m^2。做好清洁卫生，有条件的可采用放牧饲养，放牧前要进行调教，培养回巢性。放牧前将翼尖剪掉，防止飞失。

3. 产蛋期

（1）饲养要点　饲喂干粉料，产蛋率达 10%时换为产蛋前期饲料，50 周龄换产蛋后期饲料。日耗料量约为 115g，每天饲喂 3~4 次，饮水器保证不断水。

（2）管理要点　适宜温度为 20~28℃，相对湿度为 50%~60%。光照时间每天为 14~16h。笼养密度为 8~10 只/m^2，散养密度为 4~6 只/m^2。产蛋期珍珠鸡表现为高度神经质，容易惊群，尽量避免惊扰，否则影响产蛋。

四、鹧鸪饲养管理

1. 育雏期

（1）饲养要点　出壳 24h 内进行饮水，饮水中加入维生素或药品，以防疫疾病和补充营养。饮水后开食，将颗粒料或粉料置于食盘中，自由采食。饲喂方式为少喂勤添。1 周龄每天饲喂 8~10 次，2~3 周龄每天饲喂 5~6 次，4 周龄以后每天饲喂 4 次。

（2）管理要点　7 周龄内育雏温度为 26~30℃，以后保持室温。第一周相对湿度为 60%~70%，第二周为 60%~65%，第三周后保持在 55%~60%。光照时间 1~3 日龄每天 24h，4~7 日龄每天 23h，1 周龄后每天 16h，30 日龄后自然光照。7 日龄前饲养密度为 100 只/m^2，以后逐渐减少，43 日龄后为 18~20 只/m^2。1 周龄断喙，6 周龄修喙 1 次。进行频繁接触和声音、光暗变化等刺激的锻炼，防止出现剧烈的应激反应。

2. 育成期

（1）饲养要点　限制饲喂时间为 12~29 周龄，可通过减少投料次数或减少每次的投料量来完成，或用青绿饲料代替一部分配合饲料。

（2）管理要点　及时转群，调整饲养密度，平养饲养密度为 8~10 只/m^2。笼养鹧鸪饲养密度为 11~17 周龄 35~40 只/m^2，18~24 周龄 25~35 只/m^2，25~29 周龄 20~30 只/m^2。育成期每天光照时间为 10h。鹧鸪易长出不规则的畸形喙，要用剪刀定期修正。尽量减少各种应激因素刺激。

3. 产蛋期

（1）饲养要点　提供钙含量高的日粮，自由采食；也可饲喂青绿多汁饲料。不需限制饲喂。每天饲喂 3 次。供给清洁的饮水，在饮水中加入药物和维生素 C，有利于防止疾病和消除应激的影响。

（2）管理要点　公母分开饲养。适宜温度为 18~25℃，相对湿度为 50%~55%。25 周龄以后光照时间每天为 15~16h，每群 50~100 只/m^2 为宜。公共产蛋箱全长 200cm，每天收集种蛋 2 次。

五、鸵鸟饲养管理

1. 育雏期

(1) 饲养要点 出壳后2~3d可饮水，先饮0.01%高锰酸钾，开水后2d开食，饲喂精饲料以粉料湿拌为主，也可添加菜叶、青草。以少喂勤添为原则，每3h饲喂1次，逐渐到4h饲喂1次。如果喂精饲料加青绿饲料，遵循先喂青绿饲料，后喂精饲料的原则。1周龄后可改为颗粒料。开食后不能使用垫料。每天每只补喂4~5粒洁净不溶性的沙砾。饮水供应定时定量，给水量为采食饲料总量的1.8~2倍。

(2) 管理要点 饲养密度一般为5~6只/m^2，逐渐降低饲养密度，1.5月龄以下的雏鸟需在雏舍进行人工保温高密度育雏，饲养舍面积为1m^2；1.5月龄以上的雏鸟饲养舍面积为0.5m^2。每群雏鸵鸟以8~12只为宜。1~2月龄可转群到较大运动场活动。1周龄内，温度以30~35℃为宜，2周龄减少3℃，1月龄后每天降低0.5℃，一般2~3月龄以后脱温，相对湿度保持在50%~55%。进行定期消毒，2月龄后进行新城疫、支气管炎和大肠杆菌病的预防免疫。

2. 育成期

(1) 饲养要点 过渡到育成期饲料，以青绿饲料为主，辅以颗粒精饲料饲喂，青绿饲料占70%，精饲料占30%。如果采用放牧饲养，可少喂或不喂青绿饲料。

(2) 管理要点 育成后期注意鸵鸟肥度，应定额饲喂精、青饲料，每天饲喂4次。饲喂后0.5~1h驱赶运动。采用放牧方式的养殖场，群体大小以20~100只为宜。6月龄时进行第一次拔毛，每隔9个月可拔毛1次。每天清洗，每周消毒。养殖场地铺设垫沙（厚度为10~20cm）。

3. 成年期

(1) 饲养要点 采用集约化饲养方式，雌鸟产蛋期需要配制含钙和磷高的混合饲料，不宜过多饲喂脂肪含量高的能量饲料。每天饲喂4次，精饲料饲喂量一般为1.5kg左右，不要超过2kg，青饲料饲喂5kg以上，供给清洁的饮水。

(2) 管理要点 产蛋期前1个月进行配偶分群，公母比以1∶3为一个饲养单位。每天上午和下午喂食1h后，驱赶运动1~2h。休产期公母分开饲养。每周消毒1次，按照免疫程序注射疫苗。

六、鸸鹋饲养管理

1. 育雏期

(1) 饲养要点 1月龄每天每只饲喂精饲料30~200g、青饲料150~600g；2月龄每天每只饲喂精饲料200~300g、青饲料600~800g；3月龄时，每天每只饲喂精饲料300~400g、青饲料800~1000g。饮水干净。其他管理同鸵鸟。

(2) 管理要点 采用地面平养或网上平养方式。1月龄舍内温度控制在25~34℃，2月龄温度控制在20~25℃，3月龄夜间温度控制在15~20℃，随着日龄的增加，温度逐渐降低，白天脱温饲养。

2. 育成期

(1) 饲养要点 4~5月龄每天每只饲喂精饲料0.5kg、青饲料1.25kg；6~7月龄每天每

只饲喂精饲料0.55kg、青饲料1.5kg。

(2) 管理要点 参照鸵鸟育成期管理要点。

3. 成年期

(1) 饲养要点 8~9月龄每天每只饲喂精饲料0.6kg、青饲料1.75kg；10~11月龄每天每只饲喂精饲料0.65kg、青饲料1.75kg。

(2) 管理要点 每天饲喂、饮水和打扫卫生等工作应有固定的时间和顺序，对鸸鹋的精神状态、食欲、饮水量、粪便及行为等勤于观察，并进行记录，以便及时发现问题，及时处理。

七、绿头鸭饲养管理

1. 育雏期

(1) 饲养要点 出壳24h及时饮水，可加入0.01%高锰酸钾，开水后及时开食。开食料选用体积较小、容易消化、适口性好、便于啄食的淀粉质粒状饲料，采用湿拌料。1~3日龄每天喂6~8次，4~7日龄每天喂5~6次，8~15日龄每天喂4~5次，16~30日龄每天喂3~4次，每次喂食后要饮水。如果饲喂全价颗粒饲料还要加喂青绿饲料。

(2) 管理要点 雏鸭的保温期一般为2~3周。开始设置温度为30℃，每隔1周下降2℃，第四周常温饲养。1周龄内适宜相对湿度为70%左右，2周龄后相对湿度为50%~55%。一般50~100只为一群。1~10日龄实行昼夜光照，时间每天不少于20h；11~20日龄白天停止人工光照；21日龄后实行自然光照。3~4日龄可放入水中洗浴，初期放入浅水池，每次时间不宜超过5min；10日龄后，可将雏鸭赶入天然浅水塘中活动，每天2次，每次30min，时间为每天9:00和15:00；30日龄后可在水中自由活动。

2. 育成期

(1) 饲养要点 饲喂全价颗粒饲料，每天定时喂4次。后备种鸭应该根据实际情况增加青绿饲料，可占饲喂量15%。产蛋前30d青绿饲料可增加55%~70%。控制精饲料，以控制体重，防止早产。

(2) 管理要点 70日龄淘汰弱病残鸭，按照公母比为1:(6~8)选留。饲养密度为5周龄15~18只/m^2，最后减少至5~10只/m^2为止。防止应激，避免“吵棚”。保持清洁，定期消毒。有活动水面的养殖场应及时换水。

3. 种鸭产蛋期

(1) 饲养要点 以饲喂全价配合饲料为主。产蛋期每天喂3~4次，每天喂料量为170~180g，要以产蛋率的高低及天气情况确定，产蛋期的喂量和营养水平要相对稳定，不得骤然增减。运动场放置沙砾槽，供其自由觅食以助食物的消化。确保清洁饮水的供应。

(2) 管理要点 种鸭饲养密度以4~6只/m^2为宜，并将不同日龄种鸭按1:(4~6)的比例饲养。保证每天16h以上的光照，晚上需人工光照。20周龄以后，设置产蛋区，放置足够的产蛋箱，一般按照4只母鸭配置1个产蛋窝或产蛋箱放置。定期消毒，严格按照免疫程序进行免疫接种。

八、番鸭饲养管理

生产时期划分为育雏期、育成期和成年期。育雏期指0~4周龄，育成期指5~10周龄，成年期指10~24周龄，其中产蛋期指25~72周龄。

1. 育雏期

（1）饲养要点 雏番鸭出壳后24h初次饮水，水温以20~25℃为宜，饮水中可添加5%葡萄糖、1g/L电解质、1g/L维生素C及防止细菌性疾病的药物。初饮后1~2h就可开食。1日龄每天饲喂4次，2~5日龄每天饲喂3次，7日龄后每天饲喂2次，饲料可采用全价颗粒。

（2）管理要点 此期分为网上育雏和立体育雏。网上育雏是将雏鸭饲养在离地面50~60cm高的网上，在网上或网下供热，使用保温伞或红外线灯保温。立体育雏使用立体育雏笼，一般为3~5层。雏番鸭具体室温要根据行为和分布情况进行调节。育雏期温度14日龄前控制在36~45℃，14日龄后调整为常温。1周龄内相对湿度在70%左右，以后相对湿度控制在60%~65%。肉用雏番鸭1周龄光照时间每天为24h；2周龄每天为18h，2周龄以后每天为12h。种番鸭1~3日龄光照时间为24h，1周龄每天为18h，2周龄每天为16h，3周龄每天为14h，4~5周龄每天为13.5h。一般饲养密度1周龄雏番鸭为25只/m^2，3周龄为15~20只/m^2，4周龄后为8只/m^2。每群以200~250只为宜。在舍饲条件下注意通风换气，根据季节、密度、温度、气味等来调节通风换气量。并根据出雏时间、体重大小、体质强弱等适时分群。雏番鸭一般在2~3周龄进行断喙和剪趾；公番鸭不剪趾。

2. 育成期

（1）饲养要点 限制饲养。可饲喂低能量低蛋白质日粮，也可使用限量法，按育成期番鸭充分采食量的70%供给。

（2）管理要点 采用分栏饲养，每栏饲养200只左右，公母分开饲养。一般饲养密度为10~20只/m^2。

3. 成年期

（1）饲养要点 24周龄起饲喂产蛋日粮。在生产实际中，应根据体重标准控制体重，以便最大限度地发挥番鸭的生产性能。适时转群和选留。

（2）管理要点 适时分群，公母按1∶（6~8）的比例组群。设置产蛋箱或产蛋区，产蛋箱规格为40cm×40cm×40cm，可供4只母鸭产蛋。种番鸭24周龄开始，逐渐增加光照时间和光照强度，24周龄每天为10h，至27周龄每天为13h；28周龄每天为13.5h，至50周龄每天16.5h。

4. 产蛋期

（1）饲养要点 产蛋初期和前期适当增加饲喂次数，产蛋中期注意饲料营养浓度比上阶段有所提高，光照稳定略增加，产蛋后期根据体重和产蛋率情况确定饲料的供给量。

（2）管理要点 合理分群，按品种、日龄和体重一致原则分群。每群以200~300只为宜，饲养密度为5~7只/m^2。在生产中强制换羽按关蛋、拔羽和恢复3个步骤。恢复期喂料量应由少至多，质量由粗到精，经过7~8d逐步恢复到正常饲养水平，在恢复产蛋前，公母要分开饲养，拔羽后25~30d新羽毛可以长齐，经3周后便可恢复产蛋。

第四章

特种畜禽日粮配制

第一节　鹿类动物日粮配制

一、日粮加工设备

鹿日粮加工设备主要有铡草机、青贮设备及饲料搅拌机等。

1. 铡草机

主要用于铡切农作物秸秆和牧草等，一般切碎的都是粗饲料。

2. 青贮设备

主要有青贮窖、青贮塔和青贮袋 3 种形式。不同规模的养殖场可根据自身场内情况建设。青贮窖结构简单，造价低，易推广，应建在地势高燥、窖周围排水通畅的地方。窖壁、窖底要求壁面光滑，坚实不透水，上下垂直。青贮塔造价虽较高，但经久耐用，青贮质量高，青贮饲料利用率高。袋装青贮方式投资少，成本低，设备简单，制作容易，不受天气和场地等条件限制，且取用方便，浪费少，便于运输，非常适宜小规模养鹿农牧户采用。

3. 饲料搅拌机

把切断的粗饲料和精饲料及微量元素添加剂等，按照鹿不同饲养阶段的营养需要进行混合的设备，能够达到科学喂养的目的。

二、原料种类

鹿可利用的饲料种类繁多，按其营养特性可分为青绿饲料、青贮饲料、能量饲料、粗饲料、蛋白质饲料、矿物质饲料、饲料添加剂八大类。

1. 青绿饲料

青绿饲料包括青刈玉米、青刈大豆、紫花苜蓿、牧草饲料和鲜嫩枝叶等。鹿对良好牧草的有机物质消化率达 55%~75%。鲜嫩枝叶是鹿广泛采食的一类饲料，也是山区、半山区、林区养鹿主要的青绿饲料来源。鹿最喜欢吃的枝叶饲料有胡枝子、柞树、椴树、柳树的枝叶，对胡桃楸、白桦、稠李枝叶的采食差一些，对黑桦、赤杨枝叶的采食更差一些。有些地区也有用果树叶喂鹿的，但应注意防止有机磷中毒。南方地区还有用大榕树、小榕树、菩提树、桑树、银合欢等枝叶喂鹿。

牧草饲料可分为天然牧草和人工栽培牧草。天然牧草包括碱草、小叶樟、羊胡子草、三叶草、芦苇、山地合草、青蒿、野苜蓿、红毛草等；人工栽培的牧草有苜蓿、三叶草、草木樨、沙打旺等。

2. 青贮饲料

青贮饲料是北方地区春、夏、冬季养鹿饲料的主要来源，但饲喂量不宜过多，过多会影响鹿消化道中微生物的正常活动。

3. 能量饲料

能量饲料包括谷物类、糠麸类、块根块茎类、瓜果类等。常用的谷物类有玉米、高粱、大麦、燕麦、小米等，是鹿能量的主要来源，通常占精饲料的60%左右。

4. 粗饲料

粗饲料主要包括干草类、农副产品类（荚、壳、藤、秸、秧）、树叶类、糟渣类等，是鹿冬季主要的饲料来源。

5. 蛋白质饲料

（1）饼粕类 主要有大豆饼、棉籽饼、菜籽饼、花生仁饼、向日葵仁饼和大豆粕等，这类饲料蛋白质含量高，但无氮浸出物含量低于谷物类。大豆饼和大豆粕是鹿常用的植物性蛋白质饲料，粗蛋白质含量为46%～56%，总代谢能为19～21MJ/kg。大豆饼和大豆粕中赖氨酸、精氨酸、色氨酸、苏氨酸、异亮氨酸等必需氨基酸含量高，而蛋氨酸含量低，与玉米搭配可发挥氨基酸互补作用。

（2）豆科籽实 有大豆、黑豆、豌豆等，以大豆用量最多。大豆中赖氨酸含量为2.3%～2.5%，是玉米的8.5倍。

（3）动物性蛋白质饲料 是营养价值较高的一类饲料，蛋白质氨基酸组成齐全，且比例适当，富含钙、磷、微量元素和维生素。但鹿对鱼、肉、骨的腥味反应敏感，不喜采食，因此一般很少应用。

6. 矿物质饲料

（1）食盐 常用的是粗食盐（缺碘地区可用碘化食盐，含碘量为70mg/kg）。实践中也可以用食盐作载体，配制微量元素预混料或食盐砖，供鹿舔食。在缺硒、铜、锌的地区，还可分别配制含相应元素的食盐砖、食盐块等。

（2）无机钙、磷 平衡饲料生产中多以碳酸钙和磷酸盐为原料，按一定比例配制无机钙、磷平衡饲料，以满足鹿对钙、磷的营养需要。

7. 饲料添加剂

常用的饲料添加剂有矿物质元素添加剂、维生素添加剂、氨基酸添加剂、非蛋白氮（Non-protein Nitrogen，NPN）添加剂、生长促进剂、饲料保存剂和中药添加剂等。

三、日粮加工工艺

1. 青绿多汁饲料加工

青绿多汁饲料包括青刈饲料、青贮饲料、块根类饲料和瓜类饲料等。青刈饲料如苜蓿等可以青割青喂、青割青贮，也可以调制干草。国外有的鹿场把树木枝叶制成树叶粉（如桦树叶粉）与精饲料混拌喂鹿，效果较好。牧草可整棵饲喂，但是如果将青草铡短拌料喂鹿，可提高适口性和利用率。有些鹿场将青干草粉碎成草粉与其他饲料制成颗粒或块状混合饲料。鹿采食颗粒饲料的速度比采食块状混合饲料的速度快，颗粒饲料在生茸期喂鹿

最为有益。

一般于白露前后青贮玉米，将玉米秸（最好带穗）切成2~3cm的段，填装在事先修好的青贮窖内，压实、封严，再盖上50cm厚的土。贮后的青贮饲料一般于1个月后即可饲喂。但北方养鹿常于农历正月末开始打开青贮窖，此时温度转暖，窖内青贮和填入槽内青贮不会结冻。块根类饲料如胡萝卜、甜菜、菊芋等，饲喂时要洗净，切成小块，填入饲槽内，特别适于配种期的种公、母鹿和幼鹿。

2. 粗饲料加工

粗饲料包括农作物秸秆和脱粒后的副产物如玉米秸、豆秸、豆吻子、棉籽壳、麦秸、稻秸、谷草、地瓜秧、花生秧。这些饲料主要于秋、冬、春季饲喂，最好将其粉碎。其营养价值较低，因此在实际生产中用各种方法提高粗饲料的营养价值，主要有机械处理、化学处理与微生物处理3种。

（1）机械处理　粗饲料通过机械处理可以减少浪费，可以切断、磨碎或者碾青。碾青即将干、鲜粗饲料分层铺垫，然后用分子碾压，挤出水分，从而加速鲜粗饲料干燥的方法。

（2）化学处理　是指用氢氧化钠、石灰、氨、尿素等碱性物质处理，破坏纤维素、半纤维素与木质素的酯链，使之更易被瘤胃微生物分解，从而提高消化率。

1）氢氧化钠处理。草类的木质素在2%氢氧化钠溶液中形成羟基木质素，24h内几乎完全被溶解，一些与木质素有联系的营养物质如纤维素、半纤维素被分解出来，从而提高秸秆的营养价值。具体方法是用8倍于秸秆质量的1.5%氢氧化钠溶液浸泡12h，然后用水冲洗，一直洗到水中性为止。可保持原有的结构与气味，鹿比较喜爱采食，而且营养价值提高，有机物质消化率提高约24%。但费水费力，还需做好氢氧化钠的防污处理，故应用较少。也可采用1.5%氢氧化钠溶液喷洒的方法（每吨秸秆用300L溶液），随喷随拌，堆置数天，不经冲洗而直接喂用。经此法处理后，有机物质消化率提高约15%，饲喂后无不良后果，只是饮水增多，所以排尿也多。因此法不必用水冲洗，故应用较广。

2）氢氧化钙（石灰）处理。此法效果比氢氧化钠差。秸秆处理后易发霉，但因石灰来源广，成本低，对土壤无害，钙对动物还有好处，所以也可使用。可再加入1%的氨，能抑制霉菌生长，可防止秸秆发霉。

3）氨化处理。虽然对木质素的作用效果比不上氢氧化钠，但对环境无污染，还可提供一定的氮素营养，比较简单实用。秸秆经氨化处理后，颜色呈棕褐色，质地柔软，鹿的采食量可增加20%~25%，干物质消化率可提高10%左右，粗蛋白质含量有所增加，对鹿生产性能有一定的改善，其营养价值可相当于中等质量的干草。

4）无水液氨氨化处理。将秸秆垛起来，上盖塑料薄膜，接触地面的薄膜应留有一定的余地，以便四周压上泥土，使之成密封状态。在秸秆垛的底部用1根管子与无水液氨接连，按秸秆重的3%通入无水液氨，氨气扩散，很快遍及全垛。处理时间长短取决于气温，气温低于5℃，需8周以上；5~15℃，需4~8周；15~30℃，需1~4周。喂前要揭开薄膜晾1~2d，使残留的氨气挥发。不开垛可长期保存。

5）农用氨水氨化处理。用含氨量15%的农用氨水，按秸秆重10%的比例，把氨水均匀喷洒在秸秆上，逐层堆放，逐层喷洒，最后将堆好的秸秆用薄膜封严。

6）尿素氨化处理。秸秆里存在尿素酶，加进尿素后用塑料薄膜覆盖，尿素在尿素酶的作用下分解出氨，进行氨化处理。

（3）微生物处理 利用有益微生物或某些酶制剂，对粗饲料进行生物学处理。

3. 蛋白质饲料加工

生大豆中含胰蛋白酶抑制因子（抗胰蛋白酶）、尿素酶、血细胞凝集素、皂角苷、甲状腺肿诱发因子、抗凝固因子等有害物质，这些物质大都不耐热，因此在脱油过程中，如果加热适当，它们就可以受到不同程度的破坏。生大豆和未经加热的大豆饼、大豆粕不得直接喂鹿，必须经加热处理后熟喂。一般将大豆浸泡，然后 100℃加热 30min，取出冷却后投喂；或将大豆制成豆浆，加热处理后投喂，但必须控制加热温度和时间，如果温度过高，会降低赖氨酸和精氨酸的活性，同时也会使胱氨酸遭到破坏。由于大豆价格较贵，所以用量不能太多。大豆含有的天然蛋白质在瘤胃中降解率较高，因此，可通过加热或化学处理加以保护，以降低优质蛋白质在瘤胃的降解率。

棉籽饼中蛋氨酸、赖氨酸含量低，但精氨酸含量过高，因此，与菜籽饼配合饲喂，可缓解赖氨酸与精氨酸的拮抗作用，减少蛋氨酸的添加量。棉籽饼中含有有毒的游离棉酚，一般游离棉酚不致使鹿中毒，但摄入过量或时间过长，在饲料粗劣的情况下，也会引起中毒。生产实践中较实用的脱毒方法为小苏打去毒法，具体是：以 2%小苏打溶液浸泡粉碎的棉籽饼 24h，取出后用清水冲洗 4 次，即可达到无毒的目的。

4. 精饲料加工

茸鹿的精饲料需进行加工调制，主要包括作物籽实及其加工的副产物如玉米、麦麸、高粱等，其加工方法主要是粉碎、浸泡、熟化、发酵等。大豆饼主要是切成片或粉碎成面，之后浸泡，夏季浸泡 2h 左右，冬季应浸泡 5h 以上。玉米可粉碎成细面，然后与大豆饼、糠麸类混合浸泡，也可将玉米煮熟制成混合料。

第二节　毛皮动物日粮配制

毛皮动物的配合饲料是以动物不同生长阶段、生理要求、生产用途的营养需要及饲料原料的营养价值作为基础，把不同来源的饲料原料，按一定比例均匀混合，并按照规定的工艺流程生产的饲料。按形状形态分为鲜料、粉料和颗粒料。鲜料主要由海杂鱼或淡水鱼，畜禽肉及其副产品（头、骨架、内脏等），膨化玉米，蔬菜和毛皮动物用预混料等组成。我国毛皮动物饲料只有大型养殖场自己加工的鲜饲料，中小养殖户大多选用饲料厂提供的颗粒料或粉料配合饲喂。

一、日粮加工及贮存设备

1. 膨化机

毛皮动物肠道较短，对植物性饲料消化能力较弱，植物性饲料原料作为毛皮动物饲料需先经过膨化处理。膨化机属于一种加工膨化食品的设备，如加工日常生活中的大米、玉米、大豆、小麦等。其主要的工作原理就是机械能转变成热能，用机器转动时产生的热量将食品挤压熟，经过膨化的食品最明显的特点就是体积变大。膨化机广泛应用于饲料、食品及工业等领域。

膨化机分为单螺杆膨化机、双螺杆膨化机、三螺杆膨化机，这 3 种膨化机都可以生产食

品和饲料及一些特殊原料。这 3 种膨化机又分为干法生产膨化机和湿法生产膨化机。干法生产膨化机就是利用螺筒和螺杆之间的摩擦和剪切产生热量，辅以包裹在螺筒外部的加热圈的外部热量对物料加热挤压、膨化的生产方式，多见于小食品行业，生产出来的膨化食品酥脆，香味浓郁。另外，小型的饲料厂也用干法生产膨化机生产，投资成本低。湿法生产膨化机是利用蒸汽（一般压力为 0.3~0.4MPa，温度为 140~150℃）在调质器对物料预热至 70~100℃，再辅以膨化机自产热和螺筒外部加热（可以是蒸汽水管，也可以是电加热片）的生产方式，常见于生产毛皮动物、水产饲料、宠物食品、膨化玉米饲料、大豆饲料等。

2. 绞肉机

绞肉机是肉类加工企业在生产过程中，将原料肉按不同工艺要求，加工成规格不等的颗粒状肉馅，以便于同其他辅料充分混合来满足不同产品的需求。毛皮动物常见饲料原料冻肉、鲜肉、鸡骨架、鸭骨架、鱼类等均需绞碎后使用。

绞肉机工作时，先开机后放料，由于物料本身的重力和螺旋供料器的旋转，把物料连续地送往绞刀口进行切碎。因为螺旋供料器的螺距后面应比前面小，但螺旋轴的直径后面比前面大，这样对物料产生了一定的挤压力，这个力迫使已切碎的肉从格板上的孔眼中排出。

格板有几种不同规格的孔眼，通常粗绞用直径为 8~10mm、细绞用直径为 3~5mm 的孔眼。粗绞与细绞的隔板都为 10~12mm 厚的普通钢板。由于粗绞孔径较大，排料较易，故螺旋供料器的转速可比细绞时快些，但最大不超过 400r/min，一般在 200~400r/min。因为格板上的孔眼总面积一定，即排料量一定，当供料螺旋转速太快时，物料在绞刀附近堵塞，造成负荷突然增加，对电动机有不良的影响。

绞刀刃口是顺着转向安装的。绞刀用钢制造，刀口要求锋利，使用一段时期后，刀口变钝，此时应调换新刀片或重新修磨，否则将影响切割效率，甚至使有些物料不是切碎后排出，而是挤压、磨碎后成浆状排出，直接影响成品质量。

装配或调换绞刀后，一定要把紧固螺母拧紧，才能保证格板不动，否则因格板移动和绞刀转动之间产生相对运动，也会引起对物料磨浆的作用。绞刀必须与格板紧密贴合，不然会影响切割效率。

每次使用绞肉机前，需要进行简单冲洗。一般而言，绞肉机在上次用完后都是及时清洗过的。一个好处是使用前的冲洗，可冲掉机器内外的浮尘等；另一个好处是，使用前的冲洗会使绞肉变得轻松流畅，也会使工作结束后的清洗变得比较省事。绞肉操作比较用力，所以最好由男性操作，也可以两人配合。

3. 冷库

冷库用于冷冻和贮存动物性饲料，是大、中型貂场的重要设备之一。冷库速冻室的温度要调至-25℃以下，贮存室的温度要达到-10℃以下，保证动物性饲料在一定时间内不会腐烂变质。小型毛皮动物养殖场可在背光阴凉地方或地下修建简易冷藏室。这种简易冷藏室造价低，保管简便，但室内温度较高，饲料贮存时间短。

二、原料种类

我国养殖的毛皮动物中，貂和狐为肉食性动物，貉为杂食性动物。由于它们不同的消化道结构和消化生理特点，因此在采食饲料种类上也有很大差异。用于饲养珍贵毛皮动物的饲料种类很多，常规饲料原料一般可分为鲜动物性饲料、干动物性饲料、植物性饲料和添加剂类饲料。

毛皮动物常用的动物性饲料包括鲜动物性饲料（鱼类、肉类、鱼和畜禽副产品、乳类、蛋类等）和干动物性饲料（鱼粉、肉骨粉、肉粉、血粉、羽毛粉、蚕蛹粉及蚕蛹粕等）。这类饲料蛋白质含量较高，氨基酸含量丰富，是貂、狐、貉日粮配制时用得较多的蛋白质饲料。

1. 鲜动物性饲料

（1）鱼类 大部分海鱼和淡水鱼（一些有毒的豚鱼类除外）均可作为毛皮动物饲料。鱼类饲料蛋白质含量较高，脂肪也比较丰富，消化率高，适口性好。海杂鱼来源广、价格相对较低，是我国大部分大型毛皮动物养殖场常年不可缺少的饲料。在水貂日粮中，海杂鱼占整个动物性饲料的比例可达到70%左右。

鱼类饲料因捕获季节及鱼种类不同，营养价值、营养物质的消化利用率也有很大差异。当日粮中动物性饲料以鱼类为主时，应特别注意脂肪的含量。在毛皮动物繁殖期要饲喂质量较好、脂肪含量较低的鱼类，如海鲶鱼、比目鱼等。在生长季节，特别是冬毛生长期应饲喂脂肪含量较高的鱼类，如带鱼、黄鲫等。

鱼类饲料新鲜饲喂比熟化后饲喂营养价值高，因为过度加热处理会破坏赖氨酸，同时使精氨酸转化为难消化形式，色氨酸、半胱氨酸和蛋氨酸对蛋白质饲料脱水破坏性很敏感。但有些海鱼（毛磷鱼、远东沙丁、梭鱼、红娘鱼等）和很多淡水鱼（鲤鱼、鲫鱼、鳙鱼等）中因含有硫胺素酶，大量饲喂这些鱼类饲料时，可影响动物对饲料中维生素 B_1 的利用和吸收，动物会出现食欲减退、仔貉生长速度减慢等维生素 B_1 缺乏症状。生产中要限制此类鱼的饲喂量，其占日粮的比例不超过20%；也可以熟制后饲喂，以破坏硫胺素酶，减少生喂造成的维生素 B_1 缺乏症。长期饲喂鲜明太鱼会导致缺铁性贫血、绒毛呈棉絮状，影响动物生长和毛皮质量。所以，饲喂明太鱼比例较大或时间较长时，应补充血粉或硫酸亚铁。有些鱼类（鮟鱇、鳑鲏、黄鲫等）内脏大、有苦味，适口性差，营养价值低，饲喂量不宜过大。

由于不同种类鱼含有各种氨基酸比例不同，所以建议各种鱼类混合搭配饲喂，这样有利于氨基酸的互补，提高其全价性。同时，鱼类饲料应尽量与肉类饲料（包括畜禽下脚料等）混合饲喂，这样可使营养物质互补。饲喂鱼类饲料时，一定要新鲜、不变质。因为脂肪酸败的鱼类会产生毒素，可破坏饲料中各种营养物质，饲喂后容易引起食物中毒。饲喂脂肪酸败的鱼类还会引起脂肪组织炎、出血性肠炎、脓肿病和维生素缺乏症等。

（2）肉类 这类饲料是毛皮动物全价蛋白质饲料的重要来源。肉类饲料中含有与毛皮动物机体相似数量和比例的全部必需氨基酸；同时，还含有脂肪、维生素、矿物质等多种营养物质。其适口性好，消化率也高，是理想的动物性饲料。新鲜肉类的消化率及适口性都很好，适宜生喂；不太新鲜的肉类或者已经被污染的肉类应该进行熟化处理后饲喂，以达到消除微生物污染及其他有害物质的目的。但熟制过程中会使蛋白质凝固、消化率降低，重量也有所损耗，所以熟喂比生喂重量需要增加10%左右。死因不明的动物肉类禁止饲喂毛皮动物。

在毛皮动物饲养实践中，可以充分利用人们不食或少食的牲畜肉，特别是牧区的废牛、废马、老羊、无用的羔羊肉、犊牛肉及老年的骆驼和患非传染性疾病经无害化处理的肉类。肉类加工厂的兔碎肉、废弃的禽肉等都可以作为毛皮动物饲料。

（3）鱼和畜禽副产品 这类饲料是毛皮动物饲料中动物性蛋白质来源的一部分，除了

肝脏、肾脏、心脏外，由于它们含有的矿物质和结缔组织较多、某些必需氨基酸含量过低或比例不当，所以其蛋白质消化率较低，生物学价值不高，在毛皮动物日粮中可以适当利用。

沿海地区和水产品制品厂，有大量的鱼头、鱼骨架、内脏及其他下脚料，这些废弃品都可以用来饲养毛皮动物。新鲜的鱼骨架可以生喂，繁殖期饲喂量不能超过日粮中动物饲料的20%，幼兽生长期和冬毛生长期可增加到40%，但应与质量好的海杂鱼或肉类搭配使用。新鲜程度较差的鱼类副产品应熟喂，特别是鱼内脏保鲜困难，熟制后饲喂比较安全。

畜禽的肠、胃、肝脏、肺、血液、头、蹄、尾等副产品，都可作为毛皮动物饲料，但由于部位不同，其营养价值存在很大差异。

动物内脏包括肝脏、心脏、肾脏、肺、胃、肠等。肝脏是毛皮动物的优质动物性饲料，含粗蛋白质19%左右、脂肪5%左右，并且还含有丰富的维生素和微量元素，特别是维生素A和维生素B含量丰富，是动物繁殖期及幼兽育成期较好的添加饲料。在妊娠和哺乳期日粮中，加入5%~10%的新鲜肝脏，能显著提高适口性和蛋白质的生物学价值。以干动物性饲料饲喂毛皮动物时，在日粮中加入10%左右的新鲜肝脏，可弥补干动物性饲料多种维生素的不足，同时也能提高日粮的适口性，还能增加母兽泌乳量，促进仔貉生长发育。鸡肝和鸭肝中粗蛋白质含量低于猪肝和牛肝，但从氨基酸组成来看，鸡肝和鸭肝中必需氨基酸含量丰富，尤其是含硫氨基酸（蛋氨酸+胱氨酸）含量较高。鸡肝与鸭肝的氨基酸组成相近，但鸡肝中的脂肪含量较高。在准备配种期，如果想控制体况，可以用鸭肝等量替代鸡肝，这样可以在保证日粮蛋白质水平不变的情况下降低脂肪的含量，从而使日粮的总代谢能下降。新鲜健康的动物肝脏宜生喂，新鲜程度较差或可疑被污染的肝脏，必须熟制后饲喂。由于肝脏无机盐含量较高，饲喂量要适当，并且饲喂时应逐渐加量，日粮中过量使用，能引起动物腹泻而导致稀便。

心脏和肾脏也是毛皮动物的理想蛋白质饲料，同时还含有丰富的维生素A、维生素C和B族维生素，但生物学价值较肝脏差些。健康的肾脏和心脏，生喂时营养价值和消化率均较高，病畜的肾脏和心脏必须熟喂。心脏和肾脏产量有限，因此通常作为繁殖期饲料。带有肾上腺的肾脏不宜在繁殖期使用，因为其中激素含量较多，可能会造成生殖机能紊乱。

肺是营养价值不太高的饲料，结缔组织多，必需氨基酸含量少，消化率较低。肺对胃肠还有刺激性作用，动物易发生呕吐现象，所以饲喂量不宜太高，可占日粮的5%~10%。饲喂前应进行绞碎加工及熟制。

胃、肠也可作为动物性饲料饲喂毛皮动物。虽然动物的胃、肠营养价值不高，粗蛋白质含量仅为14%左右、脂肪含量为1.5%~2.0%、维生素和矿物质含量都很低，不能单独作为动物性饲料饲喂，但新鲜的胃、肠适口性较好。新鲜洁净的牛、羊胃可以生喂，但猪、兔等的胃、肠中通常含有病原微生物，所以应灭菌、熟制后搭配其他鱼类或肉类饲料饲喂。另外，饲喂前要将肠系膜去除，因其含脂肪较多，会影响适口性并引起消化异常。胃、肠喂量可占动物性饲料的10%左右，并同时注意补充一定量的钙和磷。

各种动物的血液都是毛皮动物良好的添加饲料。健康动物血液的营养价值较高，粗蛋白质含量为17%~20%，并含有大量易于吸收的无机盐类（如铁、钾、钠、锰、钙、磷、镁等），还含有少量的维生素等。血液最好是鲜喂，在日粮中所占比例为3%~5%。血液也可以加工成血豆腐后直接混于饲料中饲喂，饲喂量可占日粮的3%~7%。血液中含有丰富的含硫氨基酸，在冬毛生长期饲喂一些鲜血或者血豆腐，能够提高毛皮品质。但因血液中无机盐含量较高，有轻泻作用，所以饲喂量要严格控制。

兔头、兔骨架灰分含量较高，新鲜的兔头适合生喂，绞碎后与其他饲料混合，一般可占日粮的5%~8%。牛、羊、猪头通常是已将咬肌、舌、脑剔除，而含有腮腺、舌下腺等，其营养价值相对较低，也缺少色氨酸、蛋氨酸和胱氨酸等。一般头肉在日粮中的比例为10%以下。禽类头、骨架、爪等均可饲喂毛皮动物，但一定要新鲜、清洗干净，绞碎后与其他饲料混合使用。鸡头的粗蛋白质含量仅次于鸡肝和鸭肝，而且氨基酸的组成相对比较平衡，赖氨酸、精氨酸含量比较丰富。鸡头中还含有丰富的脑磷脂，在准备配种期可以适量应用，繁殖期最好不使用鸡头。鸭架的粗蛋白质含量高于鸡架，但氨基酸的总量则低于鸡架，而且鸭架中蛋氨酸的含量低于鸡架，仅为鸡架的65%，鸭架的脂肪含量比鸡架高35%，由此可见，鸡架的品质要优于鸭架。鸡架和鸭架中钙、磷含量丰富而且比例合适（2∶1）。鸡架和鸭架中的灰分含量比较高，骨架中肉剔得越净灰分含量越高，一般每只成年水貂每天供给量为40~50g，狐每天用量不能超过100g。鸡架和鸭架饲喂量过高会引起毛皮动物蛋白质、脂肪消化率降低，从而导致精液品质下降、胚胎发育不良、泌乳不足及毛绒品质低劣。

（4）乳类和蛋类 这类饲料是毛皮动物的全价蛋白质饲料，含有全部的必需氨基酸，而且各种氨基酸的比例与毛皮动物的营养需要相似，同时非常容易消化和吸收。另外，还含有一定量的脂肪、多种维生素及矿物质等。

乳类包括牛、羊的鲜乳、脱脂乳、乳粉及其他乳制品，是营养价值非常高的优质饲料。乳类饲料还能提高其他饲料的消化率和适口性，在公、母兽准备配种期、配种期和母兽妊娠期、产仔哺乳期添加，能够增加种兽的采食量，提高配种能力，促进胎儿发育和母兽泌乳。在实际生产中，通常将乳类与其他饲料搅拌均匀后饲喂，一般以占日粮的6%~12%为宜，过量会增加饲料成本。

乳类尤其是鲜乳，适合细菌生长繁殖，易酸败，所以对乳品类饲料要注意保存。禁止用酸败变质的乳品喂毛皮动物。鲜乳要加温至70℃，灭菌10~15min。如果使用乳粉、奶酪等乳类饲料，需要将其稀释或绞碎后再与其他饲料搅拌混合饲喂。

鸡蛋、鸭蛋等蛋类饲料是生物学价值很高的蛋白质饲料，还富含多种其他营养素。全蛋蛋壳占11%、蛋黄占32%、蛋白占57%，含水量为70%左右，粗蛋白质含量为13%，脂肪含量为11%~15%。在公兽准备配种期、配种期添加少量的蛋类，对提高精液品质和增强精子活力有良好的作用。母兽妊娠期、哺乳期添加少量蛋类，对胚胎发育和提高初生仔貉的生活力及维持较高的泌乳量都有显著的作用。因蛋清里含有卵白素，有破坏维生素的作用，故不宜生喂。由于蛋类饲料价格较高，所以一般仅在繁殖期少量利用，一般每只每天饲喂量为0.5~1枚。如果临近大型养禽场，有充足的破碎蛋来源时，在各个生物学时期都可添加，会更有利于毛皮动物的繁殖、泌乳、生长及毛皮品质。

孵化的石蛋和毛蛋也可以饲喂毛皮动物，但必须保证新鲜，并经煮沸消毒。饲喂量与鲜蛋大致一样。

2. 干动物性饲料

干动物性饲料便于贮存和运输，而且也不受季节和地域的限制，适合一些不具备贮存鲜饲料条件及饲养规模较小的养殖场使用。干动物性饲料原料的种类较多，来源也比较广。常用的干动物性饲料主要有鱼粉、肉骨粉、肉粉、血粉、羽毛粉、蚕蛹粉及蚕蛹粕等。

（1）鱼粉 是用一种或多种鱼类为原料，经去油、脱水、粉碎加工后制成的高蛋白质

饲料原料。鱼粉作为营养均衡的优良饲料原料，在毛皮动物饲料中扮演着重要角色。全球的鱼粉生产国主要有秘鲁、智利、日本、中国、泰国、丹麦、美国、挪威等。我国鱼粉主要生产地在山东（约占国内鱼粉总产量的50%），而浙江约占25%，然后为河北、天津、福建、广西等省市。我国饲料用鱼粉进口来源国主要包括秘鲁、越南、智利、美国和俄罗斯等，其中秘鲁是我国饲料用鱼粉最大进口来源国，2022年我国从秘鲁进口鱼粉量达87.9万t，占总进口量的比重达48.8%，其次为越南和俄罗斯，分别占比11.72%、6.2%。

鱼粉是毛皮动物养殖场常用的干动物性饲料原料之一。由于鱼粉的产地、加工方法和原料来源的不同，其质量差别很大。优质鱼粉的蛋白质含量很高，通常含粗蛋白质达65%以上，并含有大约9%的脂肪。普通鱼粉蛋白质含量为60%左右。鱼粉中必需氨基酸的含量较高，尤其是蛋氨酸、赖氨酸、色氨酸、苏氨酸等限制性氨基酸含量都很高。另外，鱼粉还含有丰富的矿物质和维生素，鱼粉中的脂肪富含n-3多不饱和脂肪酸。总之，鱼粉营养丰富全面，适口性好，是貂、狐、貉很好的干粉蛋白质饲料原料。

鱼粉使用时应注意以下几点：一是鱼粉中的食盐含量，优质的鱼粉食盐含量为1%~2%，而劣质鱼粉食盐含量可能达到10%以上，若日粮中使用劣质鱼粉的比例较高，就将导致饲料食盐含量过高，则会引起毛皮动物腹泻甚至食盐中毒，所以含盐量过高的鱼粉不宜用来饲喂，或在饲料中的比例要适当减少。二是鱼粉的脂肪含量较高，通常鱼粉的脂肪含量在8%~10%，鱼粉中脂肪的主要成分是多不饱和脂肪酸，很容易氧化酸败，贮藏时间过长容易发生脂肪氧化变质、霉变，严重影响适口性，降低鱼粉的品质。三是鱼粉掺假问题，因为市场鱼粉价格较高，掺假现象比较多，常用的掺假原料有：羽毛粉、血粉、皮革蛋白粉、肉骨粉等，用户在购买时要进行品质鉴定。试验结果表明，水貂对于鱼粉蛋白质的消化率（80%）低于鲜鱼蛋白质的消化率（92%），饲喂鱼粉的水貂肠道中游离氨基酸的水平比饲喂鲜鱼的高，说明水貂对鱼粉氨基酸的吸收强度比鲜鱼低。对于水貂而言，在繁殖期和冬毛生长期，用高质量的鱼粉与其他鲜冻饲料混喂，对繁殖率及毛皮品质均无不良影响。

（2）肉骨粉、肉粉　利用动物屠宰后不适宜人食用的家畜躯体、骨、内脏等下脚料，以及肉类罐头厂、肉品加工厂等的残余碎肉，经过切碎、充分煮沸、压榨、分离脂肪后的干燥产品制成粉末，就是肉骨粉。如果加工过程中不含有骨头，就是肉粉。一般蒸煮肉粉的优质产品蛋白质含量为55%~60%，肉骨粉的蛋白质含量为50%左右。肉骨粉与肉粉的质量与营养成分取决于原料种类与成分、加工方法、脱脂程度及贮藏时间等。总体而言，肉骨粉的蛋白质含量较高，但其粗蛋白质主要来自磷脂（卵磷脂、脑磷脂等）、无机氮（尿素、氨基酸等）、角质蛋白（角、蹄等）、结缔组织蛋白、水解蛋白和肌肉组织蛋白。其中，磷脂、无机氮及角质蛋白利用价值很低，结缔组织蛋白与水解蛋白利用率较差，肌肉组织蛋白利用价值最高。肉骨粉的氨基酸组成欠佳，赖氨酸、蛋氨酸和色氨酸均较低，并且氨基酸组成、含量及利用率变化很大，易因加热过度而不易被动物吸收。肉骨粉钙、磷、B族维生素含量较多，但维生素A、维生素D含量较少，脂肪含量高，易变质，贮藏时间不宜过长。随着饲料中肉骨粉和肉粉用量增加，饲料适口性降低，生产性能下降。建议饲喂量控制在日粮干物质含量的20%以下。购买时应特别注意，肉骨粉和肉粉中普遍混杂有水解羽毛粉、血粉、蹄角粉、贝壳粉、肠胃内容物粉等，正常钙含量应为磷的两倍左右，灰分含量应为磷含量的6.5倍以下，如果比例异常就有掺伪的可能。

（3）血粉　是以动物血液为原料，经脱水加工而成的粉状动物性蛋白质补充饲料。血粉的粗蛋白质含量高达80%~90%，赖氨酸含量达7%~8%（比常用鱼粉含量还高），含硫氨基酸含量与进口鱼粉相近（1.7%），但精氨酸含量低，总的氨基酸组成极不平衡，亮氨酸是异亮氨酸的10倍以上。血粉蛋白质品质较差，血纤维蛋白不易消化，氨基酸利用率相对较低。不同动物来源的血粉也相差较大。鸡血的赖氨酸含量比猪血和牛血低，猪血与牛血比较，猪血含组氨酸、精氨酸、脯氨酸、甘氨酸、异亮氨酸较多，而牛血含赖氨酸、羟丁氨酸、缬氨酸、亮氨酸、酪氨酸、苯丙氨酸较多。因此，饲喂时混合搭配优于单一血粉。总之，血粉是蛋白质含量很高的饲料，同时又是氨基酸极不平衡的饲料。根据血粉的营养特点，以及适口性差等原因，建议可作为貂、狐、貉的蛋白质饲料来源，但添加量应控制在5%左右。

（4）羽毛粉 将家禽羽毛净化消毒，再经蒸煮、酶水解、粉碎或膨化成粉状，可作为毛皮动物的蛋白质补充饲料。羽毛是禽类的被覆组织，是由上皮组织分化而来的，是高度角质化了的上皮组织。羽毛蛋白质中85%~90%为角蛋白质，属于硬蛋白类。羽毛蛋白质结构坚固，不易被一般工艺水解，不经加热加压处理的生羽毛粉，很难被动物消化利用，对毛皮动物食用价值很低。羽毛蛋白质的主要成分为含双硫键的角蛋白质，熟制、膨化、水解或酸化处理后，可提高其利用价值。羽毛蛋白质中含有丰富的胱氨酸，可达4%，但如果水解过度，胱氨酸损失较多；含亮氨酸和异亮氨酸均较高，分别为6.7%和4.2%，但赖氨酸、蛋氨酸、色氨酸、组氨酸等含量均较低。羽毛粉的饲用价值取决于原料的质量、加工工艺和水解程度。但总体而言，羽毛粉饲用价值较低，主要用于补充含硫氨基酸需要量，在每年的冬毛生长期饲喂，有利于貂、狐、貉的毛绒生长，并可以预防狐、貉的自咬症和食毛症。羽毛粉适口性较差，营养价值也不平衡，一般需与含赖氨酸、蛋氨酸、色氨酸高的其他动物性饲料搭配使用，建议貂、狐、貉冬毛生长期添加量控制在5%以下。

（5）蚕蛹粉及蚕蛹粕 蚕蛹粉是蚕蛹没有经过脱脂，即干燥、粉碎后的产品。蚕蛹粕是蚕蛹经过脱脂后，再进行干燥、粉碎的产品。蚕蛹粉和蚕蛹粕两者均为优良的蛋白质饲料，粗蛋白质含量分别为51%和71%，粗脂肪含量分别为26.7%和3.2%。蛋氨酸含量很高，分别为2.2%和2.9%，是所有饲料中含量最高者；赖氨酸含量也较高，分别为3.3%和4.3%，色氨酸含量可达1.2%~1.5%。B族维生素含量丰富。总之，蚕蛹粉与蚕蛹粕是平衡饲料氨基酸组成的优良饲料。另外，它们的钙、磷含量较低，钙磷比大约为1∶4.5，所以也可以将蚕蛹粉和蚕蛹粕作为调整饲料钙磷比的动物性磷源饲料。蚕蛹粉及蚕蛹粕在毛皮动物饲料中可广泛使用，但由于其价格较高，并含有貂、狐、貉不能消化的几丁质（又名甲壳质），故用量不宜过多，一般不超过日粮的15%。

3. 植物性饲料

貂、狐、貉均能利用植物性饲料作为其能量及蛋白质等的重要来源，相对貂、狐而言，貉是肉食动物中的杂食类动物，即貉可消化利用更多的植物性饲料。但由于植物性饲料的适口性及利用率有一定的局限性，所以植物性饲料必须熟化后才能饲喂毛皮动物，经过膨化、蒸煮等加工后的植物性饲料可以有效提高其适口性及消化吸收率。毛皮动物常用的植物性饲料包括玉米、麦麸、酒糟、大豆、大豆饼和大豆粕、花生仁饼和花生仁粕及块根块茎和果蔬类饲料。

（1）玉米 属于能量饲料中的谷物籽实类，其代谢能一般高于16MJ/kg，列在各种谷物籽实的首位。玉米是貂、狐、貉最主要的植物性能量饲料。玉米含粗纤维很少，仅为2%，

而无氮浸出物高达72%。玉米中的无氮浸出物不同于饼粕类饲料，饼粕类饲料中的无氮浸出物是难消化的聚糖类，而玉米中的无氮浸出物主要是容易消化的淀粉。玉米的粗脂肪含量也较高，为3.5%~4.5%，并且有较多的亚油酸（2%），是所有谷物籽实类饲料中含量最高者。亚油酸是动物的必需脂肪酸，缺乏时将导致生长受阻、繁殖性能下降等。玉米的粗蛋白质含量偏低，而且因不同品种、不同产地含粗蛋白质也存在较大差异，一般为7.2%~9.3%，平均为8.6%。玉米的蛋白质品质较低，赖氨酸、蛋氨酸、色氨酸缺乏，平均含量分别为0.25%、0.15%、0.07%。由于毛皮动物的日粮组成中，动物性饲料占有相当高的比例，所以配合饲料较容易达到氨基酸之间的平衡。玉米的适口性好，且种植面积广，产量高，所以是比较普遍应用的貂、狐、貉饲料之一。但玉米作为貂、狐、貉饲料一般要经过蒸煮或膨化加工，动物采食未经熟化的玉米后会导致消化利用率低、腹泻等。

（2）麦麸 又称麸皮，是小麦加工成面粉过程中的副产品。麦麸的营养价值因加工工艺不同差别很大。其蛋白质含量较高，可达12.5%~17%；B族维生素含量丰富，维生素B_2与维生素B_1含量分别是3.55mg/kg与8.99mg/kg。粗纤维含量较高，为8.5%~12%；无氮浸出物大约含58%。赖氨酸含量较高，约为0.67%；蛋氨酸含量较低，为0.11%左右。麦麸中含有丰富的锰和锌，铁的含量差异较大，钙、磷的含量比极不平衡，干物质中钙含量为0.16%，而磷含量为1.31%，钙磷比为1∶8，虽然磷含量较多，但大约65%为植酸磷。麦麸属于粗蛋白质含量较高，粗纤维含量也高的中低档能量饲料，用作毛皮动物饲料时，应特别注意占日粮的比例不能太高，一般用量在10%以下。

（3）酒糟 是制酒工业及酒精工业的副产品，粗纤维含量高且因原料不同变化幅度较大，粗纤维占干物质的4.9%~37.5%；无氮浸出物含量低，为40%~50%；粗蛋白质含量高，约在20%以上，可在貉日粮中少量使用。酒糟营养含量稳定，但不齐全，饲喂过多可引起便秘及消化不良。

（4）大豆 貂、狐、貉饲料中，通常使用一定比例的膨化大豆。大豆是较好的蛋白质饲料原料，富含蛋白质和脂肪，干物质中粗蛋白质含量为30.6%~36%，脂肪含量为11.9%~19.7%，赖氨酸含量高达2.09%~2.56%，蛋氨酸含量少，为0.29%~0.73%。大豆蛋白质的生物学价值优于其他植物性蛋白质饲料，大豆含粗纤维少，且脂肪含量高，因此代谢能较高。大豆中钙磷比不适宜，胡萝卜素和维生素D、维生素B_1、维生素B_2含量也不高。大豆作为貂、狐、貉饲料必须进行蒸煮或膨化处理，否则会导致动物消化不良，经膨化的大豆可以占到貂、狐、貉饲料的5%~20%。

（5）大豆饼和大豆粕 是我国最常用的主要植物性蛋白质饲料，在毛皮动物养殖中也广泛应用。大豆饼、粕中的蛋白质含量因大豆品种和加工方法的不同存在差异，通常为40%~45%。氨基酸的比例是常用饼粕类原料中最好的。大豆饼、粕含赖氨酸2.5%~3.0%、色氨酸0.6%~0.7%、蛋氨酸0.5%~0.7%、胱氨酸0.5%~0.8%；含胡萝卜素较少，仅为0.2~0.4mg/kg；维生素B_1和维生素B_2也很少，仅为3~6mg/kg；烟酸和泛酸稍多，为15~30mg/kg；胆碱含量最为丰富，达2200~2800mg/kg。大豆饼含脂肪可达4%~6%，大豆粕中含脂肪较少，约1%。亚油酸占脂肪的50%。大豆饼和大豆粕中含有胰蛋白酶抑制因子等抗营养因子，大豆饼和大豆粕作为貂、狐、貉饲料必须经过加热处理，以降低其抗营养因子及有害物质含量。经过膨化或加热的大豆饼、大豆粕均可按一定比例在毛皮动物饲料中使用。

（6）花生仁饼和花生仁粕 花生仁饼、花生仁粕是以脱壳后的花生仁为原料，经榨油后的副产品。带壳花生仁饼、花生仁粕粗纤维含量为15%以上，饲用价值低。国内一般都去壳榨油，去壳花生仁饼、花生仁粕中的粗纤维含量一般为4%~6%。花生仁饼、花生仁粕饲用价值仅次于大豆饼，蛋白质和能量都比较高。花生仁饼和花生仁粕中所含粗蛋白质分别为45%和48%，但其中有65%为不溶于水的球蛋白，蛋白质的质量不如大豆饼。氨基酸组成不佳，花生仁饼、花生仁粕含赖氨酸1.5%~2.1%、色氨酸0.45%~0.61%、蛋氨酸0.4%~0.7%、胱氨酸0.35%~0.65%、精氨酸5.2%。用机榨法或用土法压榨的花生仁饼中一般含有4%~6%的粗脂肪，高者可达11%~12%，脂肪熔点低，脂肪酸以油酸为主，占53%~78%，容易发生酸败。花生仁饼、花生仁粕含胡萝卜素和维生素D极少，含维生素B_1和维生素B_2 5~7mg/kg、烟酸170mg/kg、泛酸50mg/kg、胆碱1500~2000mg/kg。矿物质含量中钙少磷多，磷多为植酸磷；铁含量较高，而其他元素较少。花生仁饼、花生仁粕本身无毒，但因贮存不当可产生黄曲霉，故贮存时切忌发霉。

（7）块根块茎和果蔬类饲料 包括胡萝卜、甘薯、马铃薯、木薯、南瓜、甜菜、大白菜、西葫芦等。块根块茎类饲料水分含量在75%以上，也叫青绿多汁饲料。这类饲料水分含量很高，体积大，但干物质、能量、蛋白质、钙等含量较少。就干物质而言，它们的粗纤维含量较低，粗脂肪含量较少，无氮浸出物含量很高。果蔬类饲料主要作用是提供毛皮动物维生素和矿物质，这类饲料维生素A、维生素E、维生素C等含量丰富。果蔬类饲料还可起到增加适口性的作用。但由于果蔬类饲料能量较低，所以在日粮中所占比例不宜过大，通常可占饲料总量的3%~10%。

4. 添加剂类饲料

添加剂类饲料是指在饲料生产加工、使用过程中添加的少量或微量物质，在饲料中用量很少但作用很显著。添加剂类饲料对强化基础饲料营养价值、提高毛皮动物生产性能、保证动物健康、节省饲料成本，以及改善毛皮动物产品品质等方面都有明显的效果。添加剂类饲料种类十分丰富，可以简单地分为营养性和非营养性两大类。营养性添加剂主要用于平衡日粮营养，包括维生素、矿物质、微量元素和氨基酸4类；非营养性添加剂主要包括保健剂、调味剂、酶制剂、微生态制剂等。

第三节　特种畜禽饲料加工和调制

一、日粮营养成分测定及饲料品质鉴定

饲料营养成分主要采用化学分析、消化试验等方法进行评定，有时还会辅助近红外光谱分析等。在鹿的养殖中，日粮营养成分测定多采用化学分析法。

采用化学方法定量分析饲料中的成分，是确定各类饲料营养价值的最基本方法。化学分析法就是将饲料中各种成分分为几大类，并估计各组分在饲料中的含量。在饲料营养价值评定中，概略养分分析法是最常用的化学分析方法。该法由一系列用于测定饲料营养特性的分析方法组成，包括干物质、粗蛋白质、醚浸出物、粗纤维、粗灰分和无氮浸出物。由于其简便、快捷，所需仪器设备简单，可以对饲料做出良好的一般评定，是目前使用最广泛的方法。测定方法见表4-1。

表 4-1　饲料营养成分测定方法

组分	过程	主要成分
干物质	105℃烘干至恒重	水和挥发性物质
灰分	550℃灼烧至恒重	矿物质
粗蛋白质	凯氏定氮法	蛋白质、氨基酸、非蛋白氮
乙醚浸出物	乙醚回流浸提法	脂肪、油、蜡、色素、树脂
粗纤维	弱酸、碱煮沸 30min 后过滤	纤维素、半纤维素、木质素
无氮浸出物	由 100%减去其他物质的含量后所得，是一个计算值	淀粉、糖、部分纤维素、半纤维素、木质素

1. 日粮的营养成分及其测定方法

蛋白质、脂肪、碳水化合物、维生素、矿物质和水分六大营养素是动物机体不可缺少的营养物质。虽然它们的化学成分及对动物的生理作用各不相同，但是无论缺少了哪一种物质，机体的机能都会失去平衡。必须充分认识到各种营养素都有其重要作用，饲养特种畜禽所用饲料必须多样化，不能单一，否则饲养效果就不会理想。通常饲料原料需要测定粗蛋白质、粗脂肪、水分和粗灰分。

（1）粗蛋白质　蛋白质是一切生命的基础，是构成细胞的重要成分，是特种畜禽机体内所有组织和器官构成的主要原料，是参与动物机体内代谢不可缺少的物质；蛋白质在物质代谢过程中也释放能量，也是机体热能来源之一，每克蛋白质在特种畜禽体内氧化时，可产生 17. 14kJ 的热量。

常规饲料分析测定粗蛋白质，是用凯氏定氮法测出饲料样品中的氮含量后，用氮含量×6. 25 计算粗蛋白质含量。6. 25 为粗蛋白质的换算系数，代表饲料样品中粗蛋白质的平均含氮量为 16%（100/16=6. 25）。因此，一般测定粗蛋白质都用 6. 25 进行计算。

（2）粗脂肪　脂肪是动物各组织、器官的重要组成成分，也是生命活动必不可少的营养物质之一。脂肪是体内氧化供能及能量贮存的重要物质，同时也是脂溶性维生素的必需溶剂。皮下贮存的脂肪可保持体温、御寒、增强毛绒光泽等。

常用的测定方法有：索氏提取法、酸水解法、三氯甲烷冷浸法、罗兹-哥特里法、盖勃法、巴布科氏法和尼霍夫氏碱法等。

索氏提取法适用于各类食品中脂肪含量的测定，操作简便，准确度高，但提取时间长，是一种经典方法。将粉碎或经处理而分散的试样，放入圆筒滤纸内，将滤纸筒置于索氏提取管中，利用乙醚在水浴中加热回流，提取试样中的脂类于烧瓶中，经蒸发去除乙醚，再称出烧瓶中残留物的质量，即可计算出试样中脂肪的含量。

（3）水分　水是动物内所占比例最大的部分。水在养分、代谢中间产物和终产物的运输过程中起主要作用，还参与调节体内 pH、渗透压、体温等。

水分是饲料的天然成分，具有极其重要的生理意义。饲料中水分含量的多少，直接影响饲料的感官性状、胶体状态的形成和稳定。饲料中的水分以结合水和游离水两种方式存在，水分的高低直接影响饲料的品质，水分过高易生霉发热，水分过低使饲料内在品质破坏。

测定水分含量的方法很多，目前常用的有电烘箱 105℃质量恒定法、定温定时法、隧道式电烘箱法、仪器测定法等。电烘箱 105℃质量恒定法是标准方法，使用其他方法测定水分时，均须与标准方法对照。用比水沸点略高的温度使定量试样中的水分全部汽化蒸发，而不破坏饲料试样本身的组织成分，根据所失水分的质量来计算水分含量。

（4）粗灰分 粗灰分是饲料样品在550~600℃高温炉中将所有有机物质全部氧化后剩余的残渣，主要为矿物质氧化物或盐类等无机物质。测定方法参照GB/T 6438—2007《饲料中粗灰分的测定》进行。

2. 青贮饲料的品质感官鉴定

青贮饲料品质感官鉴定的指标主要有气味、颜色和质地。

（1）气味 品质优良的青贮饲料应有浓郁的芳香酒酸味，气味柔和不刺鼻；品质中等的青贮饲料酸味较浓，稍有酒味或醋味，芳香味差；品质低劣的青贮饲料带刺鼻臭味或霉烂味。

（2）颜色 青贮饲料的颜色越接近于原料颜色，品质越好，品质优良的青贮饲料呈绿色或浅绿色；品质中等的青贮饲料呈黄褐色或暗绿色；品质低劣的青贮饲料呈褐色或黑色。

（3）质地 优质青贮饲料应质地柔软而略带湿润，植物的茎叶和花果仍保持原来状态；品质低劣的青贮饲料则茎叶不能保持原状，多数黏结成团，手感黏滑或干燥粗硬；品质中等的青贮饲料介于两者之间。

二、日粮加工工艺

1. 鱼类、肉类饲料

这类饲料包括鲜的海鱼、海杂鱼和健康动物的肉、肝脏、胃、肾脏、心脏及鲜血等。新鲜的饲料可以洗净后直接用于饲料加工，经过冷冻的要彻底缓冻，脂肪易变质，应去掉大的脂肪块，洗去杂质或泥土粉碎后生喂。

鱼类和肉类饲料品质较差，但还可以饲喂时，首先要用清水充分的洗涤，然后用0.05%高锰酸钾溶液浸泡5~10min，再用清水洗涤1遍，才可以粉碎后加工饲喂给毛皮动物。腐败变质的鱼类或者肉类饲料，绝对不能饲喂毛皮动物。

淡水鱼类、轻微变质的鱼类，需要熟制后才能饲喂毛皮动物。熟制的目的是杀死病原微生物及破坏对动物有害的物质。淡水鱼类熟制是为了破坏其硫胺素酶和杀死寄生虫，因此熟制时间不必过久。为了减少高温对饲料中营养素的损坏，尽量采取蒸的方法，高压蒸汽或短时间的开水煮。用普通的锅蒸淡水鱼，要经过2h，硫胺素酶才可以完全破坏。死亡的动物尸体、经检疫废弃的肉类、痘猪肉等最好用高压蒸煮处理，消毒的同时又可以去掉部分氧化的脂肪。

自然晾晒的干鱼，一般在晾晒前为了防止腐败都会加盐。饲喂干鱼前必须用清水充分地浸泡和洗涤。冬季每天换水2次，夏季每天换水3~4次；冬季经2~3d，夏季经过1d或稍微长一点时间，就可以浸泡彻底。没加盐的干鱼，浸泡12h就可以达到软化的目的，浸泡后的干鱼可以经过粉碎处理，然后与其他饲料混合调制后生喂给特种畜禽。咸鱼在使用前要切成小块，用水泡1~1.5d，每天换水3~4次，当盐分彻底浸出后才可以进行加工调制。

质量好的干粉饲料（鱼粉、肉骨粉等），经过2~3次换水浸泡3~4h，去掉多余的盐分，即可以与其他饲料混合调制生喂给特种畜禽。对于难消化的蚕蛹粉，可以与谷物饲料混合蒸煮后饲喂。品质差的干动物性饲料，除充分浸泡、洗涤或高锰酸钾溶液消毒外还需要蒸煮处理。

高温干燥的肝渣、血粉等，除了浸泡加工外，还需要蒸煮以达到充分软化的目的，这样能够提高消化率。皮肤表面带有大量黏液的鱼类，应按照 2.5%的比例加盐搅拌，或者用热水洗涤，除去黏液；味苦的鱼类，除去内脏然后蒸煮熟喂。这样既可以提高适口性，又可预防动物患肠胃炎。

2. 蛋类和乳类饲料

这类饲料主要用于饲喂毛皮动物。牛乳或羊乳饲喂前需要经消毒处理，一般用锅加热至70~80℃，保持 15min 冷却后待用。装乳的容器要用热碱水刷洗干净，腐败变质的乳类，患有乳腺炎的动物产生的乳不能用来饲喂毛皮动物。下架乳粉，要确保乳粉没有腐败变质，并且来源可靠，加水调制后可直接饲喂动物。炼乳按 1∶3 加水调制，乳粉按照 1∶7 加水调制，然后加入毛皮动物的混合饲料中，搅拌均匀后饲喂。

蛋类饲料需熟喂，可以直接蒸煮带皮粉碎，也可以去皮粉碎，或去皮后直接蒸熟再粉碎，与其他饲料原料混匀饲喂。熟制的蛋类能预防生物素被破坏，还可以消除副伤寒菌类的传播。淘汰蛋鸡副产品中如果含有未发育完全的蛋及卵巢等组织，也应熟喂，且不能作为繁殖期毛皮动物的饲料原料，因为卵巢等性腺中含有性激素会扰乱毛皮动物的性器官发育周期，从而影响繁殖性能。

3. 植物性饲料

（1）谷物饲料　一般采用高温膨化技术将其熟制，膨化后等温度降下来，再粉碎成粉状，饲喂前先用一定比例的水浸泡，再与其他饲料混匀制备全价饲料。谷物饲料还可以在粉碎后制成窝头，煮成粥状等，加工方式根据养殖场的大小灵活掌握。目前由于膨化谷物饲料具有便于贮存、使用方便、消化率高等诸多优点，在养殖场中应用较广泛。

（2）大豆制品　目前商品原料主要有大豆粕、大豆饼、膨化大豆等，大豆类商品原料可直接粉碎用于特种畜禽的加工。小的养殖场可将大豆制成豆浆或豆汁，其方法是将大豆浸泡 10~12h，然后将泡好的大豆粉碎煮熟，将粉渣用粗布口袋过滤掉即为豆汁或豆浆，如果不过滤也可以全部饲喂。也可以直接将大豆粉碎，加水煮熟后直接食用。

（3）果蔬类饲料　应先去掉泥土，然后将腐烂部分去除，清洗干净，剁碎或者绞碎后和其他饲料一起调制混合饲料。一般果蔬类如番茄、角瓜、水果等和叶菜搭配饲喂效果比较好。

饲喂果蔬类饲料的养殖场，严格禁止把大量叶菜堆积在一起或长时间浸泡，因为此操作易发生亚硝酸盐堆积，采食后易引起中毒。叶菜在水中浸泡的时间应不超过 4h，洗干净的叶菜饲料不应和热饲料放在一起。冬季可以将白菜、胡萝卜等饲料贮存在地窖中，饲喂前去掉腐烂部分，也可以用质量较好的冻菜。

4. 矿物质饲料

这类饲料一般均匀混在添加剂中饲喂，单独添加时，骨粉可按量直接加入饲料中，但不能和 B 族维生素、维生素 C 及酵母混合在一起饲喂，否则有效成分将被破坏。自配料中如果海鱼用量少，补充食盐时，可按一定比例制成盐水，一般为 1∶（5~10），直接加入饲料中，搅拌均匀后饲喂，也可以将食盐水拌在谷物饲料中饲喂。

5. 维生素饲料

水溶性维生素，先溶于 40℃以下的温水中，然后再均匀地拌入饲料中。鱼肝油和维生素 E 油，浓度高时，可用豆油稀释后加入饲料中。

（1）酵母 常用的有饲料酵母、面包酵母、啤酒酵母和药物酵母。饲料酵母和药物酵母是经过高温处理的，酵母菌已被杀死，可直接加入混合饲料中饲喂。而啤酒酵母和面包酵母是活菌，饲喂前需要加热杀死酵母菌。方法是将酵母先放到冷水中搅拌均匀，然后加热到70~80℃，保持15min即可，少量的酵母也可以采用沸水杀死酵母菌的方法。如果没有杀死酵母菌或没有完全杀死，会引起饲料发酵。

（2）植物油 含有大量的维生素E，贮存时应放在非金属容器中，低温保存，否则保存时间长容易氧化酸败。植物油如果已经氧化酸败是不能用来饲喂的。如果采用棉籽油，可将棉籽油熟制来消除棉籽毒。

三、饲料的调制方法

在配制饲料时，首先按照饲料单将各种饲料准备好，就可以进行绞碎和混合调制。鲜饲料的调制方法是首先把准备好的各种饲料，如鱼类、肉类、肉类副产品及其他动物性饲料、谷物制品、蔬菜等，分别用绞肉机粉碎。如果兽群小，饲料量不大，可以将各种饲料混合在一起绞碎，然后加微量元素、矿物质等，并充分搅拌。如果在繁殖期需要将牛乳、豆浆等加入搅拌好的饲料中，加入后继续搅拌，调至均匀的混合饲料后应迅速分派给各群动物。干粉饲料的调制方法是夏季采用常温纯净饮水按照适宜比例与干粉饲料混合调制，水不宜过多。颗粒饲料可以添加到颗粒饲料喂食器中，直接饲喂。

1. 饲料在调制过程中的注意事项

1）严格执行饲料单规定的品种和数量，不能随便改动。饲料的突然变更，会引起动物的应激反应，从而影响生产性能。

2）必须按时调制混合饲料，不得随便提前，应最大限度地避免多种饲料混合而引起营养物质的破坏或损失。

3）饲料调制过程中，为防止饲料腐败变质，严禁温差大的饲料相互配合，特别是夏季天气比较热，更应该注意。

4）在调制饲料的过程中，水的添加量要适当，先少量添加，视其稠度逐渐增添，以防加水过多，造成剩料和饲料浪费。

5）饲料调制后，调制饲料用的机器、用具要进行彻底洗刷，夏季要经常消毒，以防止病原微生物入侵造成疾病的发生。

6）饲料调制的量一定要根据特种畜禽不同生长阶段确定好，如育成期随着日龄的增加应逐渐增加饲料供给量。

2. 配合饲料配制的依据

由于生产目的不同，不同特种畜禽在不同生物学时期，对饲料中营养物质和热量的需求也是不同的。因此，在制定特种畜禽日粮配方时，要根据不同时期的营养需要、食欲状况、当地饲料条件等各种情况，尽量达到饲养标准的要求。营养需要和不同饲养时期的饲养标准是制定日粮配方的主要依据。

在制定日粮配方的时候，还要考虑各种饲料的理化特性。不同种类的饲料有不同的酸碱反应。一般肉、鱼类饲料呈酸性；谷物饲料原为碱性，被机体吸收后呈弱酸性；蔬菜类和骨粉呈碱性；乳类和血液呈弱碱性。掌握各种饲料的酸碱特性，对日粮配合和动物体的生理代谢具有重要意义。

总之，在配制饲料的时候，一定要全面考虑动物各饲养时期的生理特点和营养需要，按照饲养标准和历年的生产经验，制定出切实可行的日粮配方，以达到高产、优质、低成本的目的，使特种畜禽发挥出最佳生产性能。

3. 饲料配制的拟定方法

（1）热量配比拟定方法 热量配比拟定的日粮，是以特种畜禽所需要的总代谢能为依据，搭配的饲料以热量为计算单位，混合饲料所组成的日粮能量和能量构成达到规定的饲养标准；对没有热量价值的饲料或者是一些热量价值比较低的饲料（如添加剂和维生素饲料、微量元素和无机盐类饲料、水等），其热量可忽略不计，以千克体重或者日粮所需计算。

为满足特种畜禽可消化蛋白质的需要，要核算蛋白质含量，经调整使蛋白质含量满足要求。必要的时候应该计算脂肪和碳水化合物的含量，使之与蛋白质形成适宜的氮能比。为了掌握蛋白质的全价性，对限制性氨基酸的含量也应该调整。具体计算时，可先算出 1 份代谢能即 418.68kJ 中各种饲料的相应重量，再按照总代谢能的份数求出每只特种畜禽每天各种饲料的供给量，并且核算可消化营养物质是否符合特种畜禽该生产时期的营养需要；最后算出全群动物对各种饲料的需求量及其早、晚饲喂分配量，提出加工调制要求，供特种畜禽饲料室遵照执行。

（2）质量配比拟定方法 根据特种畜禽所处饲养时期和营养需要，先确定 1 只动物1d 需要提供的混合饲料的总量。结合本养殖场饲料原料种类，确定各种饲料所占质量百分比及其具体的数量；核算可消化蛋白质的含量，必要的时候也应该核算脂肪和碳水化合物的含量及热量，使日粮满足营养需要。最后提出全群动物的各种饲料需要量及早、晚饲喂分配量，提出加工调制要求。

4. 饲料加工与调制规则

（1）饲料加工的准备程序 饲料加工前应该严格检查饲料加工用品、器械的卫生和安全性能，遇到有异常情况及时维修处理；严格检查各种原料的质量，剔除个别质量不合格的饲料原料，当遇到有多量或多种饲料原料质量有问题的时候，应该及时请示主管技术人员或者养殖场的领导来处理，不能盲目地进行饲料的加工调制；严格按照饲料单所规定的数量和重量过秤准备各种饲料原料。

（2）饲料加工程序 特种畜禽饲料，生喂、熟喂两类饲料分别加工，为调制做好准备；冷冻的生喂饲料事先应该先化冻，充分洗涤干净，挑拣出饲料中的杂质，特别是铁丝、铁钉等金属废品，以防损坏绞肉机；洗净和经挑选的生喂饲料，放置于容器中摊开备用，严禁在容器内堆积存放以防腐败变质；熟喂的饲料按照规程要求进行熟制加工，无论采取何种熟制的方法（膨化、蒸、煮、炒等）必须达到熟制彻底。熟制方法以膨化效果最佳，其次是蒸、煮，炒的效果不太好；熟制后的热饲料要及时摊开散热，严禁堆积闷热存放，以防腐败变质或引起饲料发酵；冷晒后的熟喂饲料装在容器中备用，注意不能和生喂饲料混在一起存放；熟喂饲料必须在单独的加工间内存放加工，未经熟制的生料不能存放在饲料调制间内，以防污染。

（3）饲料调制程序

1）饲料绞制程序。

① 饲料绞制时间。一般在饲喂前 1h 开始，不宜过早进行，尤其是夏季，容易变质。

② 饲料绞制的顺序。一般先绞动物性饲料，然后绞制谷物类植物性饲料，最后绞制果

蔬类植物性饲料。

③ 饲料绞制的细度。饲料原料的类别不同，要求绞制的细度也不相同。动物性饲料不适宜绞制的太碎（绞肉机的孔直径为 10mm 左右），而植物性饲料或者是添加的精补饲料（肝脏、蛋类、精肉等），毛皮动物利用率较动物性饲料低，应该绞制的碎一些（绞肉机的孔径为 5mm 左右），以便于在混合饲料中混合均匀，也有利于动物消化吸收。

④ 饲料绞制速度。绞制时以均匀的速度搅拌，发挥绞肉机的有效功率。

2）饲料搅拌程序。饲料搅拌的目的是将绞碎的饲料原料充分混合搅拌均匀，使每只动物所食日粮均匀一致。

① 用机械和人力将绞碎的饲料搅拌均匀，添加饲料可同时加入混合饲料中搅拌，混合饲料多的时候也可先搅拌于少许饲料中混匀，然后再加到整个混合饲料中搅匀。中、大型养殖场提倡用机械搅匀饲料。

② 搅拌饲料时加入水的量也一定要按照饲料单规定的量准确称量，不允许随意添加。如果遇到混合饲料太稠或者太稀，及时进行调整。

3）饲料分发程序。

① 混合饲料搅拌均匀之后，应尽快分发到各饲养员处，尽量缩短分发时间。

② 饲料分发的时候，应该严格按照饲料分配单规定数量，检斤过秤如数分发。不允许按照饲养员的要求随意增减饲料分发的数量。

③ 分发饲料如果有少量的剩余，应该均摊到每个饲养员，以免造成饲料的浪费。如果剩余较多，应及时对饲料配制量进行调整。

（4）特种畜禽饲料加工调制后的整理程序 饲料加工、调制的所有器具和饲料间地面都需要清洗和洗刷干净；饲料加工机械及时清洗、检查，遇到有异常情况应该及时检修；水源、电源、火源等具有安全隐患的事项，一定要认真检查，严格防止水、电、火等隐患的发生；饲料加工人员要养成良好的个人卫生习惯和个人安全观念，严防人身事故的发生。

第五章

特种畜禽疾病防治技术

第一节　消毒和消毒剂

消毒是养殖场重要且必需的环节，正确的消毒方法是预防和控制养殖场疫病暴发的重要措施之一，是养殖场高效发展的重要保证。

一、消毒方法

消毒方法包括物理消毒法、生物消毒法和化学消毒法。物理消毒法包括刷洗、清扫、日晒、干燥、高温等。生物消毒法主要是对粪便污水和其他废物等进行发酵处理。在养殖场内，大多用此法进行粪便消毒。化学消毒法是用化学药剂对污染场地、工具、笼舍、工作间等进行喷洒、浸泡、喷雾、熏蒸等的消毒方法。

二、化学消毒剂的选择

1. 选择消毒剂遵循的原则

① 应选择高效、低毒、无腐蚀性、无特殊气味和颜色，且不对设备、物料、产品产生污染和腐蚀的消毒剂。

② 应选择易溶或混溶于水，与其他消毒剂无配伍禁忌的消毒剂。

③ 应选择长效、稳定、易贮存且价格便宜的消毒剂。

2. 常用消毒剂的种类

（1）碱类　主要包括氢氧化钠、生石灰等，一般具有较好的消毒效果，适用于潮湿和阳光照不到的环境，也用于排水沟和粪尿的消毒，但有一定的刺激性及腐蚀性，价格较低。

（2）氧化剂类　主要有过氧化氢（双氧水）、高锰酸钾等。

（3）卤素类　主要有氟化钠、漂白粉、碘酊、氯胺等，对真菌及芽孢有强大的杀菌力。

（4）醇类　75%乙醇常用于皮肤、工具、设备、容器的消毒。

（5）酚类　有苯酚、鱼石脂、甲酚等，消毒能力较强，但具有一定的毒性、腐蚀性，污染环境，价格也较高。

（6）醛类　有甲醛、戊二醛、环氧乙烷等，可用于排泄物、金属器械消毒，也可用于笼舍的熏蒸，可杀菌并使毒素下降，具有刺激性、毒性，长期使用可致癌。

（7）表面活性剂类　常用的有新洁尔灭、消毒净、度米芬，一般用于皮肤、黏膜、手术器械、污染工作服的消毒。

三、特种畜禽养殖场的消毒

1. 日常消毒措施

特种畜禽养殖场的出入门应设消毒槽。新引进畜禽应隔离饲养2周以上，无病方可进入养殖场内。每2~3d要清除1次粪便，笼舍或窝箱每天清扫1次。要定时、定量饲喂品质优良的饲料，每天清洗1次喂料器和饮水器。春、秋两季要各做1次彻底消毒工作，每周至少要对周围环境消毒1次。

2. 排泄物的消毒

（1）粪便 应经物理、化学及生物等方法进行无害化处理。生物消毒法是粪便最好的消毒法，应在距养殖场100~200m以外的地方设贮粪池，将粪便堆积起来，上面覆盖10cm厚的沙土，堆放发酵30d左右，即可用作肥料。

（2）死于传染病的动物尸体处理 经消毒后进行深埋。应选择地势高、水位低、远离居民区、动物场、水源和道路的僻静地方挖坑，坑底撒布生石灰，放入尸体，再撒一层生石灰。

四、消毒剂的使用注意事项

将需要消毒的环境或物品清理干净，去掉灰尘和覆盖物，有利于消毒剂发挥作用。料盆、饮水槽等器具，应每天清洗1次，每周消毒1次，受污染时随时消毒。养殖场应多备几种消毒剂，定期交替使用，以免产生耐药性。消毒剂不能随意混合使用，酚类、醛类、氯制剂等不宜与碱性消毒剂混合使用；阳离子表面活性剂（新洁尔灭等）不宜与阴离子表面活性剂（肥皂等）混合使用。及时选用和更换最佳的消毒新产品，以达到最佳的消毒效果。

五、常用消毒剂

1. 漂白粉

广泛应用于栏舍、地面、粪池、排泄物、车辆、饮水等的消毒；饮水消毒可在1000kg河水或井水中加6~10g漂白粉，10~30min后即可饮用；地面和路面可撒干粉再洒水；粪便和污水可按1∶5的比例，一边搅拌，一边加入漂白粉。

2. 石灰乳剂

石灰干粉用于通道口的消毒。20%石灰乳剂用于地面、垃圾的消毒，每平方米约需2000mL。因石灰乳剂不稳定，应现用现配，用于涂刷墙体、栏舍、地面等；或直接把石灰加到要消毒的液体中；或撒在阴湿地面、粪池周围及污水沟等处消毒。

3. 氢氧化钠

除了金属笼具以外，其余均可用3%~5%氢氧化钠热溶液消毒1~2h后，用清水冲洗干净。如果再加入5%的食盐，可增加对病毒和炭疽杆菌芽孢的杀伤力。

4. 来苏儿（煤酚皂溶液）

常用2%~3%来苏儿溶液对地面、排泄物、器械及手消毒。对结核分枝杆菌杀伤力强，但对病毒和真菌的消毒效果不佳。水貂对酚类敏感，应慎用。

5. 高锰酸钾

用于皮肤创伤及腔道炎症，也用于有机毒物中毒，腔道冲洗及洗胃可用0.05%~0.1%高锰酸钾溶液，创伤冲洗可用0.1%~0.2%高锰酸钾溶液。

6. 福尔马林（35%~40%甲醛溶液）

常用1%~2%福尔马林溶液对笼舍、工具和排泄物进行消毒，5%~10%福尔马林溶液可以固定保存动物标本。

7. 碳酸钠

可用其对饲料加工机具、水食具及窝箱进行消毒，消毒效果随温度高低而不同，2%溶液在62℃条件下，5min能杀死结核分枝杆菌；5%溶液在80℃条件下10min能杀死炭疽杆菌芽孢。

8. 依沙吖啶（雷弗诺尔）

主要能杀灭化脓性球菌，对组织无刺激性，常用2%~3%依沙吖啶溶液做外伤消毒。

9. 过氧化氢

常用3%过氧化氢溶液对深部脓腔消毒。

10. 碘酊

1%~2%碘酊常用于皮肤消毒。

第二节 疫苗的使用及注意事项

疫苗是由免疫原性较好的病原微生物、寄生虫、代谢产物、基因工程产品等经繁殖和（或）处理后制成的一种能有效预防动物传染性疾病的生物制品。接种于动物机体后，能刺激动物机体产生特异性抗体，当体内的抗体滴度达到一定数值后，就可以抵抗该种病原微生物侵袭、感染，达到预防传染病的目的。正确使用疫苗，是预防动物传染病的有效措施，也是保证免疫质量的关键。

一、疫苗的运输与保存

运输疫苗的方式受外界温度影响，如果温度在8℃以下可以进行常规运输，如果超过8℃则需要进行冷藏运输。在进行冷藏运输时要避免疫苗照射到阳光，采用保温箱或保温瓶加一些冰块确保温度适宜。一般情况下需要进行冷冻保存的是弱毒活苗，灭活苗的保存温度是2~8℃，不得冻结。

动物接种疫苗应在健康状态进行，患病动物、妊娠动物和处于应激状态的动物不宜进行免疫。为了避免畜群在接种疫苗时出现应激反应，可在进行免疫前一天采用维生素C拌料或饮水。

二、疫苗检查

在免疫前检查疫苗和稀释液的品种、生产厂家、包装、批号、有效期、物理性状等是否与说明书一致。禁止使用过期、无批号、无有效期，物理性状、装量及颜色异常或来源不明的疫苗。此外，由于疫苗种类不同，其性能、用法、用量、不良反应、注意事项各不相同，要详细阅读说明书，全面了解所用疫苗的性能、用途、用法、接种方法，严格按瓶签规定的要求接种。

稀释液要严格按照疫苗使用说明的要求进行选取，疫苗稀释必须用规定的稀释液，按规定稀释，一般细菌性疫苗用铝胶水或铝胶生理盐水稀释，病毒性疫苗用专用稀释液或生理盐水稀释；若无稀释液，可用生理盐水稀释；严禁用热水、温水、凉开水、矿泉水及含氯等消毒剂的水稀释，准确掌握稀释液用量。

疫苗必须现用现配，稀释好的疫苗争取在最短的时间（2h）内接种完毕，必须一次用完。如果免疫时间稍长（如超过2h或半天），必须将疫苗放在4℃冰箱内暂时贮存；如果无条件也应放在冰袋或冰块内。

疫苗要科学合理地进行注射，在改变用量时不论是加大还是减小都需要在兽医指导下进行。如果疫苗免疫用量比规定用量小，不能使免疫动物产生免疫应答；如果疫苗免疫用量比规定用量大，免疫动物容易出现强烈应激，引起免疫麻痹，影响免疫效果。

三、免疫方法

常见的疫苗免疫方法有很多，主要用的是注射，包括皮下注射和肌内注射。注射针头及器械可用高压蒸汽灭菌法或煮沸法严格消毒，注射部位应按照疫苗要求选择，用75%酒精或5%碘酊局部消毒。每只（至少每栏舍）动物更换1个针头，以防互相感染。注射时，严禁打飞针，如果有应立即补针。

吸取疫苗时采用专用针头，以防污染疫苗。疫苗开封或稀释后，应尽快用完。活苗在稀释后15℃以下4h、15~25℃2h、25℃以上1h内用完。超出这个时间，疫苗效价将下降或失效。灭活苗一般在开封后8~12h内用完，最长不超过24h。

免疫前后应避免使用抗血清、免疫抑制剂、干扰素。接种弱毒活苗前后各5d，应停止使用对疫苗敏感的药物，避免用消毒剂饮水。同时，接种1种以上的弱毒疫苗时，应注意疫苗间相互干扰使功效降低，导致免疫失败。2种疫苗不能混合使用，如果同时注射2种疫苗，注射部位要分开。个别动物在注射疫苗后30min左右，如果出现呼吸急促、全身潮红或苍白等可疑过敏症状，可用肾上腺素、地塞米松等解救。

疫苗接种工作结束后应立即用清水洗手并消毒，用过的用具、器材、稀释后剩余的疫苗及疫苗瓶，应以燃烧或煮沸等方法进行消毒处理或深埋处理，防止造成危害。

免疫结束后应认真做好免疫记录，详细注明畜主姓名，免疫时间，动物种类、数量和所使用疫苗的名称、规格、生产厂家、有效期、使用剂量等数据，并做好免疫标识。记录需保存1年以上。

第三节　鹿类动物常见病诊断与治疗

1. 坏死杆菌病

［症状］病理过程多呈现化脓性蜂窝组织炎，病初蹄部肿胀，跛行并迅速蔓延到组织深部，高度肿胀，破溃，创腔互相沟通，流出黄色或白色脓汁，有恶臭味。病鹿精神沉郁，离群喜卧，食欲减退，最后衰竭而死。有时由原发病灶转移到肺部，病鹿食欲减退或废绝食物，

消瘦，耳下垂，鼻镜干燥，呼吸短促，呼出带臭味的气体，往往因为脓毒败血症而死亡。

［治疗］应尽早加快治疗，以防病灶转移。外患部尚未破溃时，可肌内注射青霉素与链霉素，加强饲养，精心管理；外患部破溃时，进行扩创，清除坏死组织，以过氧化氢或0.5%~1%高锰酸钾溶液冲洗，创腔内撒入碘硼合剂，外敷10%酒精，患部上方用链霉素封闭。圈舍地面应平整，最好是沙石地面，不用板石铺地，以保护蹄部不受创伤，减少感染发病。配种季节的公鹿，应小群或单圈加强饲养管理，以增强抗病力。发现病鹿及时隔离，清扫及集中堆放消毒圈舍粪便，以防传染病扩散。

2. 钩端螺旋体病

［症状］发病初期，出现血尿症状的同时，体温升至41℃以上，病鹿精神沉郁，鼻镜干燥，毛逆立，耳下垂，停止反刍，黏膜黄染，渐渐消瘦，到后期血尿颜色变深似浓葡萄酒色，3~5d死亡。

［治疗］每天定期注射青霉素、链霉素，直到痊愈。必要时静脉注射30%葡萄糖300~500mL，每天1次，连用3d。

3. 肝片吸虫病

［症状］病鹿采食量下降，反刍缓慢，逐渐消瘦，黏膜苍白，甚至失明，有时发生便秘或腹泻，用显微镜检查粪便可看到虫卵。

［治疗］用氯氰碘柳胺钠（肝蛭净）肌内注射驱虫。驱虫前对鹿大量补充钙质，不喂或少喂含蛋白质丰富的饲料。

4. 胃肠炎

［症状］发病后体温升高，精神沉郁，呼吸急促，结膜潮红或为黄色。食欲减退或废绝，反刍停止。鼻干燥，喜饮水。腹痛常卧地后视。病初便秘，以后腹泻，粪便恶臭，含黏液，偶有含血液黏膜组织片。病后期极度衰弱，眼球凹陷，体温下降，昏迷而死。

［治疗］病初将鹿隔离饲养，使其饥饿1d左右饮温水，然后喂给柔嫩的青绿饲料，以健胃正肠，促进反刍，保护肠黏膜，防止吸收毒物。

5. 仔鹿肺炎

［症状］咳嗽、呼吸急促；精神沉郁，离群嗜睡，食欲不佳，哺乳次数减少，体温升高，听诊肺部有干性或湿性啰音。

［治疗］肌内注射青霉素和链霉素各20~40IU，每天2次，连用7d。内服土霉素，静脉注射25%葡萄糖20~40mL，每天1次，连用3~5d；肌内注射10%磺胺嘧啶钠，每天1次，连用2~3d。

6. 仔鹿腹泻

［症状］精神沉郁，食欲减退，有的病鹿体温升高。初期排泄带黄色有乳块、黏膜恶臭的粪便；后期粪便为黄白色，稀薄或呈粥状。病鹿肛门周围被粪便污染，消瘦衰弱，最后耳鼻及四肢厥冷而死亡。

［治疗］先服缓释剂清肠后服链霉素0.5g、胃蛋白酶3~6g，每天2次，连续服用3~5d；肌内注射磺胺嘧啶钠；内服阿莫西林。

7. 仔鹿脐带炎

［症状］初期症状不明显，仅见患病仔鹿消化不良、腹泻，体温升高。随病程的延长，患病仔鹿精神沉郁，食欲减退，弓腰，不愿行走，体温居高不下。脐带肿胀增温，触诊质地

坚硬、有疼痛反应。脐带有渗出液，甚至能挤出脓汁，并有恶臭味。如果仔鹿脐带发炎后的病菌及其毒素沿着血管侵入体内，则会引起败血症或脓毒败血症，这种仔鹿多预后不良。

［治疗］

1）局部治疗。用3%过氧化氢清洗脐部，再用10%碘酊涂擦，患部周围用青霉素80万IU，分点注射；对于出现脓肿的患病仔鹿，应先排脓、清除坏死组织，然后用消炎粉涂于患处。

2）全身治疗。为了防止全身感染，应肌内注射抗菌药。可选择下列药物交替用药治疗，直至痊愈：磺胺嘧啶钠或磺胺甲氧嘧啶钠注射液，按每千克体重0.1mL给药，每天1次，连用2~3d；注射用头孢噻呋钠，按每千克体重2.5mg给药，每天1次，连用3d；恩诺沙星注射液，按每千克体重0.05mL给药，每天2次，连用2~3d；甲磺酸达氟沙星注射液，按每千克体重0.15mL给药，每天1次，连用2~3d。

第四节　毛皮动物常见病诊断与治疗

一、水貂常见病

1. 犬瘟热

［症状］双相热型，即体温两次升高达40℃，两次发热之间间隔几天无热期；结膜炎，从最初的流泪到分泌黏液性和脓性眼眵；鼻镜干燥至干裂，病初流浆液性鼻液，以后鼻液呈黏液性或脓性；皮肤上皮细胞发炎、角化并出现皮屑；脚垫发炎、肿胀，增厚变硬；肛门肿胀外翻；阵发性咳嗽；腹泻，便中带血；抽搐，运动失调，后躯麻痹。神经型犬瘟热多发生于未按免疫程序接种疫苗或首次暴发犬瘟热的貂群。

［治疗］定期接种犬瘟热疫苗，每年于仔貂断乳后15~21d全群接种1次；于12月末~第2年1月15日对种貂接种1次；防止疫苗在保存和运输时解冻；疫苗在使用前用凉水解冻；解冻后的疫苗一次性用完；疫苗颜色变黄或出现浑浊要弃掉；免疫剂量按说明使用；一旦发生犬瘟热时，立即使用干扰素、转移因子、免疫球蛋白等注射3d，48h后再用2~3倍正常免疫剂量的疫苗接种，用抗生素控制肠炎和肺炎。

2. 细小病毒性肠炎

［症状］病初排灰色、黄色、绿色粪便，3~5d后排粉色和红色粪便，在排出的粪便中常见到套管状的粪便（由肠黏膜、纤维蛋白、红细胞、黏液组成），此为细小病毒性肠炎特征性临床症状。病貂迅速消瘦脱水，被毛蓬乱无光，最后死于自身中毒、心肌炎及合并感染。

［治疗］每年定期接种水貂细小病毒性肠炎疫苗；每年的7~9月是细小病毒性肠炎易流行期，因而一定要防止饲料腐败和酸败，加强环境消毒，除蝇；当发生该病感染时，使用2倍免疫剂量的疫苗紧急接种，同时连续3d使用转移因子注射，用广谱抗生素控制细菌继发感染；长期的细菌性腹泻可诱发病毒性腹泻，因此必须选择肠道菌高敏感药物及时治疗以大肠杆菌感染为主的腹泻。治疗时可使用高免血清、干扰素和中草药制剂，同时要注意预防心肌炎的发生。

3. 水貂阿留申病

［症状］渐进性消瘦；渴欲明显增加，因而临床有暴饮之称，即病貂趴在水盒上狂饮或啃冰（冬季）；鼻镜长期干燥；可视黏膜贫血；齿龈、软腭、硬腭黏膜有出血点或溃疡；排煤焦油样粪便；嗜睡，常处于半昏睡状态；肢体运动不灵活，呈麻痹症状；被毛无光泽。妊娠母貂空怀、流产；种公貂性欲明显降低，死精或精子活力极低；肾脏呈灰白色，表面有出血点；肝脏肿大，颜色浅或呈黄褐色；全身淋巴结肿大，呈灰白色或灰褐色。

［治疗］每年的9~10月对预留种貂采血，用对流免疫电泳（Counter Immunoelectrophoresis，CIEP）诊断方法检测，阳性（感染）貂严格淘汰，如此坚持数年，基本可达到净化的目的。北美和北欧的一些国家也主要采取对流免疫电泳和酶联免疫吸附试验（Enzyme Linked Immunosorbent Assay，ELISA）方法连续数年检测，几乎达到了净化该病的目的。给水貂创造一个好的生存条件，提高群体健康水平和免疫力，及时淘汰临床感染貂，对引进种貂严格检疫，加强场区消毒等也是预防该病发生的有效措施。

4. 水貂出血性肺炎

［症状］突然发病，呼吸高度困难，后肢有不同程度的麻痹，常从鼻孔流出泡沫样的鲜红血液，公貂比母貂发病率高，病程一般不超过24h。死后剖检以整个肺的弥漫性出血和红色肝样变为主要特征。发病时间在8~9月；突发性死亡；死亡前鼻孔流血；剖检时肺严重出血病变。依据绿脓杆菌培养时产生绿色、红色和褐色色素确诊。

［治疗］水貂秋季换毛时，由于毛中有绿脓杆菌，毛到处飞扬可污染饲料和饮水，此时的气温也适合绿脓杆菌繁殖，因而极易传播感染导致暴发流行。此时的饮水和环境消毒尤其重要。当发生该菌感染时，使用庆大霉素、多黏菌素B、恩诺沙星等敏感药物全群投服预防和治疗，使用恩诺沙星加磺胺甲唑联合用药效果明显。

5. 水貂流行性腹泻

［症状］精神沉郁，食欲废绝，被毛蓬乱。呕吐、腹泻，排出稀软或水样粪便，病初粪便呈绿色、灰白色、灰黄色；后期为黑红色，黏稠，内含有血液和脱落黏膜。机体迅速脱水，体质下降、消瘦。目前，病因不确定，主要依靠临床诊断和病理诊断为主。发病率高，但死亡率低。

［治疗］该病主要多发于每年9~11月，天气突变、卫生条件差、饲料密度大都可以诱发该病。目前该病无有效治疗措施，使用干扰素有一定的治疗作用。一旦发生该病，发病水貂应及时隔离，严格消毒，加强粪便管理，改善饲料结构和品质。用发病水貂脏器制备灭活苗进行免疫，可有效控制该病发生。

6. 附红细胞体病

［症状］一年四季均可发病，高温高湿季节发病率高，吸血昆虫为传播媒介，也可经胎盘垂直传播。潜伏期为6~10d，有时长达40d。体温升高到40℃。鼻端干燥，精神较差，便秘，呼吸急促，消瘦。死后剖检，肺有血斑，肝脏肿胀有血斑，脾脏肿大，肾脏出血严重。依靠流行病学特点、临床症状及病理变化可初步诊断。血液涂片、染色，通过显微镜观察红细胞变形找到虫体，即可确诊。

［治疗］应减少各种应激反应，加强饲养管理，注意消毒，全群预防性投药，包括多西环素、土霉素或四环素。

二、狐貉常见病

狐和貉的常见病相似，不再分开介绍。

1. 病毒性疾病

（1）犬瘟热

［症状］自然感染时，狐的潜伏期为9~30d，有时长达3个月。有的病狐具有典型的临床症状，而有的症状不明显。

① 最急性型。常呈神经型，发生于流行初期，病程特别短，前期症状往往不显著。发病后体温高达42℃，突然发病，表现为前冲、狂暴、咬笼、四肢抽搐、尖叫和口吐白沫等神经症状，死亡率高达100%。

② 急性型。流行初期，看不到特征性临床症状。食欲减退，体温升高（40~41℃甚至更高）持续2~3d，酷似感冒症状。开始出现浆液性、黏液性和化脓性角膜炎（彩图1）。两眼内角出现眼眵，或眼眵将两眼粘连，或堆积在眼周围呈眼镜样。鼻镜干燥，鼻的皮肤出现皲裂并被覆干燥痂皮，有时出现鼻肿胀，流出鼻液并伴有支气管肺炎。有时鼻分泌物增多，分泌物将鼻孔堵塞。精神委顿，拒食，呼吸困难，剖检后肺出血（彩图2）。病狐被毛蓬乱，无光泽，消化紊乱，部分膀胱出血（彩图3），腹泻，后期粪便呈黄褐色或煤焦油样。

③ 慢性型。病程为14~30d。主要表现皮炎症状，首先趾掌红肿，软垫部炎性肿胀呈硬趾症。鼻、唇和趾掌皮肤出现水泡，继而化脓溃烂，全身皮肤发炎，有米糠样皮屑脱落。当肺被侵害时，出现咳嗽，特别是春、秋两季发生该病时，常侵害呼吸器官。消化器官出现卡他性炎症，严重胃出血（彩图4），腹泻，粪便混有血液。北极狐腹泻严重时，常出现脱肛；银黑狐则少见。

［治疗］目前无特异性治疗方法，可用磺胺类药物和抗生素控制细菌引起的并发症，以延缓病程，促进痊愈。当发生浆液性和化脓性结膜炎时，可用青霉素溶液点眼或滴鼻。出现肠炎时，可在饲料中投入土霉素，每天早、晚各1次，每只剂量：幼狐为0.05g，成年狐为0.2g。一般连用3~5d，具体投喂时间按照病情严重程度确定。并发肺炎时，可用青霉素或链霉素控制，幼狐每天15万~20万IU；成年狐30万~40万IU，分2次肌内注射。对已发生犬瘟热的狐群，唯一的办法就是尽早诊断、隔离病狐，搞好病狐笼舍和用具的消毒，加强饲养管理，固定食具并定期煮沸消毒，以防人为的传染。尽快对全群进行疫苗接种，有可能挽救大部分未发病狐。

目前在国外有7种疫苗可用于预防犬瘟热：福尔马林灭活疫苗、通过雪貂致弱的活毒疫苗、通过鸡胚致弱的活毒疫苗、通过细胞培养致弱的活毒疫苗、犬瘟热免疫血清和强毒的联合应用、犬瘟热与犬传染性肝炎联合疫苗、麻疹疫苗。对狐的免疫可用狐的含毒组织加福尔马林制成的灭活疫苗或用通过鸡胚致弱的活毒疫苗进行免疫接种。

春季配种期如果发生该病，由于种狐窜笼增加了感染机会，导致公狐配种能力下降，母狐则会大批空怀、死胎和烂胎，进而造成狐大量死亡。因此，一般于每年12月~第二年1月进行免疫接种。幼狐一般在2月龄接种。为预防该病流行，狐场应建立严格的卫生防疫制度，严格控制犬、猫等动物进入狐场。犬瘟热病愈后，至少6个月带毒，因此6个月内狐场禁止动物进入和输出。特别在年末发病时，已接近配种期，病狐最好不留作种用，打皮期一律取皮淘汰。

（2）狂犬病

［症状］狐患病与犬一样，多呈狂暴型，病程可分为3期。

① 前驱期。呈短时间沉郁，不愿活动，不吃食，此期不易观察。

② 兴奋期。病狐兴奋，攻击性增强、性情反常的凶猛。病狐不觉胆怯，扑咬人和其他动物，反复出现狂暴期，在笼舍内不断走动或狂躁不安，急走奔驰，啃咬笼壁及笼内食具，不断攀登或啃咬躯体，向人示威嚎叫，追逐饲养员，咬住物品不放，食欲废绝，腹泻、凝视、眼球不灵活。

③ 麻痹期。麻痹过程增强，精神高度沉郁、喜卧，后躯行动不自如、摇晃，最后全身麻痹。体温下降，病狐经常反复发作，或狂躁不安，或躺卧呻吟，流涎，腹泻，一直延续到死亡。

［治疗］目前无治疗方法。近年来正在研制狂犬病亚单位疫苗，即用化学方法提取病毒粒子囊膜最外层具有抗原性的纤突，试制成抗原并进行免疫试验，动物与人试验均已成功。此外，有一些实验室正在应用遗传工程技术制备狂犬病疫苗，将单克隆抗体和干扰素合并使用有助于拖延狂犬病病毒在动物体内的增殖，这一研究成果将对人畜有较大的应用价值。预防该病应防止野犬、野猫及其他野生动物进入狐场内，可用较高的篱笆或围墙使狐场与外界隔离。对新购进的狐要隔离饲养，观察一段时间后再与原狐群进行混群。

（3）伪狂犬病

［症状］自然感染该病的潜伏期为6~12d，主要症状是拒食1~2次，或食欲正常但症状发展很快，常发生流涎和呕吐。病狐精神沉郁，对外界刺激反应增强，拱腰，在笼内转圈，行动缓慢，呼吸急促，瞳孔缩小。兴奋性显著增高的病狐，常咬笼子和食具等。由于中枢神经损伤严重和脑脊髓炎症，常引起肢体麻痹或不完全麻痹。

［治疗］目前尚无特效疗法。发现该病后，应立即停喂被伪狂犬病污染的肉类饲料，同时用抗生素控制继发感染。为预防该病，对饲料要严格检查，特别是喂猪内脏和肉类时更要注意，应煮熟或无害化处理后再喂。当狐场出现伪狂犬病时，应立即排除可疑的饲料，对病狐进行隔离饲养观察，对污染的笼舍和用具进行彻底消毒。

（4）病毒性肠炎

［症状］潜伏期为4~9d，一般为5d。急性发病会出现次日死亡现象，以4~14d为死亡高峰期，15d后多转为亚急性或慢性经过。病狐早期症状为食欲减退或废绝，精神沉郁，被毛蓬乱无光泽，渴欲增强，偶尔出现呕吐。粪便先软后稀且多黏液，呈灰白色，少数出现红褐色，逐渐呈黄绿色水样粪便，有时可见到带条状血样粪便。随着病情逐渐加重，常排出套管状的粪便，即粪便中可看到各种颜色的肠黏膜，呈灰色、黄色、乳白色及黑色煤焦油样。后期多表现为极度虚弱和消瘦，眼窝塌陷，严重脱水，最终衰竭死亡。

［治疗］目前无特效疗法。已确诊有病毒性肠炎病狐时，可用病毒性肠炎疫苗进行紧急抢救性接种，并对症治疗，可抢救部分健康狐或病狐。抗生素和磺胺类药物只能在发病的早期防止继发性细菌感染。为从根本上预防该病，必须对健康狐每年2次（分窝后的仔狐和种狐7月1次，留种狐在12月末或第二年初1次）预防接种病毒性肠炎疫苗。

2. 细菌性疾病

（1）阴道加德纳氏菌病

［症状］病狐配种后不久，母狐妊娠前期和中期会出现不同程度流产，规律明显，以后

每年重演，病势逐年加剧，狐群空怀率逐年增高。银黑狐、北极狐感染加德纳氏菌后，主要引起泌尿生殖系统症状。母狐出现阴道炎、子宫颈炎、子宫炎、卵巢囊肿、肾周脓肿等症状；公狐常出现血尿，在配种前感染该病的公狐发生包皮炎、前列腺炎和性欲降低。该病病情严重时，表现食欲减退，精神沉郁，狐卧在笼内一角，典型特征是尿血（葡萄酒样）；后期体温升高，肝脏变性、黄染，肾脏肿大，最后败血而死。

[治疗] 用红霉素、氨苄西林均可治疗。国内外均已研制出疫苗，国内用 GVF44 菌株制成的氢氧化铝胶灭活疫苗，免疫期为 6 个月，免疫保护率为 92%。每年定期注射 2 次疫苗，可获得有效的保护。

(2) 炭疽病

[症状] 潜伏期为 1~2d。急性经过者无任何临床表现，刚吃完食就会突然死亡。病程稍长者，表现体温升高、呼吸急促、步态蹒跚、渴欲增强、拒食、血尿、腹泻，粪便内有血块和气泡，常从肛门和鼻孔中流出血样泡沫，出现咳嗽、呼吸困难及抽搐症状，咽喉水肿扩大到颈部和头部，有时蔓延到胸下、四肢和躯干。

[治疗] 预防该病应建立健全的卫生防疫制度，严禁采购、饲喂来源不明或病死的动物肉。疫区每年应进行 1 次炭疽疫苗接种注射。可疑病狐需进行隔离饲养治疗，病死狐不得剖检取皮，应一律烧毁深埋，被污染的笼舍需用火焰喷灯进行消毒。

(3) 巴氏杆菌病

[症状] 突然发病，食欲不振，精神沉郁，鼻镜干燥。有时呕吐和腹泻，在稀便内有时混有血液和黏液。可视黏膜黄染，病狐身体消瘦，有的出现神经症状、痉挛和不自觉的咀嚼运动，常在抽搐中死亡。

[治疗] 可用青霉素治疗。首先立即将发病狐和健康狐群隔离，发病狐每只肌内注射青霉素 40 万 IU、链霉素 20 万 IU，每天 2 次，连用 5d；磺胺嘧啶片按 0.5%比例混入饲料内连喂 7d，饮水中加入畜禽口服补液盐、维生素 C 片，连续饮水 10d。用药后狐发病减少，死亡停止。对未发病的狐，将磺胺嘧啶混入饲料饲喂，预防发病。

(4) 结核病

[症状] 大多数表现衰竭，被毛蓬乱无光泽。当肺部发生病变时，出现咳嗽、呼吸促迫，很少运动。下颌淋巴结或颈浅淋巴结受到侵害时，肿大或溃烂。实质器官（肝脏、肾脏等）被侵害时，常无可见的临床症状。有的病狐发生腹泻或便秘，腹部鼓胀增大，腹腔积水。

[治疗] 尚无特异性预防措施。对结核病畜禽的肉类及其副产品，需去掉结核病变器官后，煮熟饲喂。对结核菌素阳性牛的乳汁，必须经巴氏消毒或煮沸后才允许饲喂。屠宰前在基础狐群进行结核菌素接种，将结核菌素阳性和可疑反应的狐一律打皮淘汰。对阳性和可疑反应的狐，一定要隔离饲养，一直到取皮为止。对病狐用过的笼子用火焰喷灯或 2%氢氧化钠溶液消毒，地面用漂白粉喷洒消毒。

(5) 绿脓杆菌病

[症状] 病兽食欲下降或废绝，精神沉郁，不愿活动，常蜷缩蹲卧在产箱内；从阴道内流出黄绿色或黄红色黏稠分泌物，并具有腥臭味；常发生胎儿吸收、流产、死胎和烂胎；发病率可达 40%。患肺炎的病兽精神沉郁，食欲废绝，呼吸高度困难；鼻孔流出红色泡沫样液体，发出如乌鸦一样的叫声，常因肺出血（彩图 5）和败血症而死亡；患化脓性感染的，

皮肤上创伤部位肿大，有化脓灶或者脓汁流出。

［治疗］预防该病可接种出血性肺炎二价灭活疫苗。若发生该病，应立即隔离病兽，用抗生素如庆大霉素、复方磺胺甲噁唑治疗。至打皮期取皮，对被污染的笼子、地面和用具，进行彻底反复消毒，笼具用火焰喷灯消毒。发生该病用新霉素 2 万~3 万 IU，一次性肌内注射，每天 2 次，连用 3~5d；多黏菌素 2 万 IU，一次混入饲料内服，每天 2~3 次，连用 3~5d。该病的治疗容易产生耐药性，根据药敏试验结果选择药物，如硫酸庆大霉素、阿米卡星、恩诺沙星、环丙沙星等，同时加强营养，提高机体免疫力。

（6）克雷伯菌病

［症状］肩、背部、尾部、胯部出现脓肿，附近的淋巴结肿大，脓包破溃后流出灰白色黏稠脓汁，部分可见颌下、颈部肿胀，眼球突出，病貉进食困难，多衰竭死亡；胯部、臀部皮下发生蜂窝织炎，并向周围蔓延，化脓、肿大，甚至造成肌肉溃烂；有神经症状，步态不稳；肺部出血性、化脓性病变，菌体进入血液造成菌血症而发生死亡，病例死亡较突然。

败血型的常见纤维素性化脓性肺炎（彩图 6），胸腔有黏稠的脓汁，肝脏、脾脏肿大，肾脏有出血点和瘀血斑；脓肿型的体表及内脏淋巴结肿大，内有黏稠的脓汁；蜂窝织炎型的局部肌肉呈暗红色或灰褐色，肝脏明显肿大，被膜紧张，充血、瘀血，切面有大量凝固不全的暗红色血液流出，切面外翻，脾脏肿大 2~3 倍。

［治疗］换毛期间，加强环境卫生管理，加强通风、消毒，减少病原微生物数量；骨架类饲料要绞碎彻底，以防骨头划伤食道黏膜；对笼具、食盒等尖锐部位进行清理，以防造成外伤；免疫注射应做好局部消毒，防止出现感染。体表发生脓肿时，应切开彻底排脓，用 3%过氧化氢冲洗，撒青霉素或者其他消炎药物。配合庆大霉素肌内注射效果更好。大群发生时，可选用多西环素、替米考星、左氧氟沙星拌料，同时添加葡萄糖、维生素 C 饮水提高抵抗力。

3. 寄生虫病

（1）弓形虫病

［症状］食欲减退或绝食，呼吸困难或呼吸浅表，由鼻孔及眼内流出黏液，腹泻物带有血液；肢体不全麻痹或麻痹，骨骼肌肉痉挛性收缩，心律失常，体温升高到 41~42℃，呕吐；死前精神兴奋，在笼舍内旋转并发出尖叫。公狐患病不能正常发情和正常交配；母狐妊娠期感染该病，可导致胎儿被吸收、流产、死胎、难产及产后仔狐 4~5d 死亡。

［治疗］磺胺嘧啶、磺胺甲氧嘧啶、磺胺间甲氧嘧啶等药物对该病的治疗均有较好的疗效，但要在发病初期治疗，如果用药晚，虽可使症状消失，但不能抑制虫体进入组织内形成包囊，从而使其变为带虫者。在用磺胺类药物治疗的同时，可用 B 族维生素和维生素 C 注射液配合治疗，能起到促进治愈的作用。对病狐要隔离治疗，死亡后尸体要深埋。取皮、解剖、助产及用具等进行煮沸消毒，或以 1.5%~2%氯胺 T（氯亚明）、5%来苏儿等处理其表面。

（2）螨虫病

1）疥螨病。

［症状］多先从头部、口鼻、眼、耳及胸部开始，后遍及全身。皮肤发红，有疹状小结节，皮下组织增厚，奇痒。病狐抓挠患部，被毛脱落，在皮肤秃毛部出现出血性抓伤，患部皮肤增厚，有皱褶或形成痂皮。

［治疗］选用1%敌百虫或5%浓碘酊或用生石灰3kg、硫黄粉3kg，适量水拌成糊状后加水60g煮沸，取清液加入温水20kg拌匀即可。药液温度为20~30℃，对患处进行涂擦，药量要足，涂抹4~5次，隔6d再涂抹1次为1个疗程，涂药后应给以充足清洁的饮水。也可采用中草药治疗，即将乳香20g、枯矾80g，混合磨成细面，制成散剂。用时，以1份散剂加入2份花生油混合加热后涂于患处，连涂数次即可治愈。预防该病要注意笼舍的环境卫生，新引进的狐要进行检疫，发现病狐要及时隔离治疗。

2）耳螨病。

［症状］病狐摇头，以耳壳摩擦窝箱或笼舍，有时用前肢搔抓患部，皮肤发红，并稍有肿胀。严重时，伤口内有浆液性渗出物流出，继而流出脓性分泌物，渗出物粘积在耳壳下缘被毛上，形成黄色或黄褐色的痂皮。当耳螨钻进内耳时，鼓膜穿孔，病狐失去听力。病狐食欲下降，头歪斜；当发生葡萄球菌继发感染时，可引起中耳炎、脑膜炎，导致病狐死亡。

［治疗］与疥螨病的治疗方法相同。

（3）绦虫病

［症状］初期无明显症状，中期由于虫体快速发育，病狐表现食欲亢进，后期病狐体质衰弱，腹部胀满，被毛蓬乱无光，有时呕吐、腹泻，贫血，可视黏膜苍白，最后体力衰竭而死亡。在粪便中可见到排出的成熟白色的绦虫节片。

［治疗］不喂含胞囊的肉类，如果必须喂，应进行高温高压处理。同时，处理含胞囊肉的用具也要进行消毒处理，以防将胞囊带入饲料中。治疗可采用驱虫药，如阿苯达唑注射液，每千克体重20~30mg，皮下注射，7d后重复注射。驱虫后必须用显微镜检查粪便，看绦虫头是否已排出体外。

（4）蛔虫病

［症状］身体虚弱，精神沉郁，腹部胀满，消化不良，腹泻和便秘交替进行，被毛蓬乱无光。有时呕吐，痉挛，抽搐；有时可看到吐出或便出蛔虫。病情严重时，常因蛔虫过多造成肠梗阻而死亡，剖检可见到肠内蛔虫阻塞成团。

［治疗］加强饲料和笼舍的卫生管理。蔬菜要洗干净，畜禽内脏一定要高温处理后再喂。治疗该病可用噻嘧啶，每只每天1~2片，隔2周后再重复喂1次，或每千克体重用阿苯达唑25~50mg。驱虫一般在仔狐断乳后进行，投药后4~5h喂食。

（5）组织滴虫病

［症状］初期食欲下降，排黄色、绿色稀便，但是精神状况良好；后期精神沉郁，食欲废绝，排脓性、恶臭、黏稠的番茄样血便。剖检可见胃肠出血，肠道内有血水，盲肠有密密麻麻的溃疡灶，内充满脓血样粪便（彩图7）。肝脏肿大出血、质脆易碎，胆汁充盈，脾脏肿大瘀血，肠系淋巴结肿大出血，临床解剖症状与细小病毒引起的细小病毒性肠炎相似。取盲肠内容物放在载玻片上，加一滴生理盐水混匀，加盖玻片，400倍镜下检查，见到呈活泼的钟摆式运动、一端有短鞭毛的虫体（彩图8）。

［治疗］该病没有疫苗预防，预防该病除做好基本卫生防疫工作外，主要是防止饲料中鸡、鸭类产品的感染。貉养殖场禁止养鸡。定期清理粪便，防止粪便污染饲料、饮水。如果饲料感染了组织滴虫，及时更换库存的鸡肠和鸡肝；为了防止继发感染，选择黏杆菌素、甲硝唑和脱霉剂拌料治疗。不吃食的情况下，注射阿米卡星，另外添加黄芪多糖、电解多维等。

4. 普通病

（1）呼吸系统疾病

1）感冒。

［症状］多发生在雨后、早春、晚秋，即季节交替或突然降温之后。病狐表现精神不振、食欲减退，两眼半睁半闭，有泪，鼻孔内有少量的水样鼻液，体温升高，鼻镜干燥，不愿活动，多蜷卧于窝箱或笼网一角。

［治疗］多用氨基比林等解热药物，为了促进食欲，可用复合维生素 B 或维生素 B_1 注射液。预防并发症常用青霉素或其他广谱抗生素，平时要加强饲养管理，提高机体的抗病能力。天气变化时要注意保温，特别是寒冷季节运输种狐时，要防止冷风侵袭。

2）支气管炎。

［症状］可分为急性和慢性。急性支气管炎病狐表现高烧，高度沉郁，战栗，呼吸急促，食欲减退，频频发咳。开始时为干性痛咳，后变为湿咳。当细微支气管发炎时，呈干性弱咳。鼻孔流出浆液、黏液或脓性鼻液。一般轻症经 2~3 周治疗可痊愈；严重病例可致死亡或转为慢性。慢性支气管炎的症状与急性支气管炎相似，其主要症状是咳嗽，听诊有干、湿啰音。发生支气管扩张或肺气肿时，呈现呼吸困难。后期营养不良，多发生卡他性肺炎。

［治疗］改善饲养管理，饲喂新鲜易消化的全价饲料，注意通风，保持场内安静。药物治疗时，每只可肌内注射青霉素 20 万~40 万 IU，每天 2 次，连用 3~5d。分泌物过多时，每只可口服氯化铵 0.1~0.5g，每天 2 次，连用 3~5d，具体天数需要根据病狐病情来决定。慢性支气管炎治疗的时间较长，在使用青霉素等抗生素药物的同时，可使用兴奋性祛痰药，即使用松节油、松馏油、氯化铵等药物。

3）肺炎。

［症状］精神沉郁，鼻镜干燥，可视黏膜潮红或发绀。病狐常卧于窝箱内，蜷曲成团，体温升高至 39.5~41℃，呼吸困难，呈腹式呼吸，60~80 次/min，食欲完全丧失。日龄小的仔狐患该病，多为急性，看不到典型症状，常发出冗长而无力的尖叫声，吮乳无力，吃乳少或吃不上乳，腹部胀满，很快死亡。成年狐发生该病，多因不坚持治疗而死亡。该病病程持续 8~15d，治疗不及时时死亡率较高，特别是幼狐。

［治疗］应用抗生素效果良好，但需配合使用促进食欲和保护心脏的药物。如果用青霉素治疗，其用量为每次 20 万~40 万 IU，复合维生素 B 1mL，每天 3 次，连续数天可治愈。

（2）消化系统疾病

1）胃肠炎。

［症状］疾病初期食欲减退，有时出现呕吐。疾病后期，食欲废绝，口腔黏膜充血，干灼发热，精神沉郁，不愿活动；腹部蜷缩，弯腰拱背；腹泻，排出蛋清样灰黄色或灰绿色稀便，内有未消化的饲料，严重者可看到血便。体温变化不定，也可能升高到 41℃以上，濒死期体温下降。肛门及会阴部有稀便污染。幼狐常出现脱肛，腹部臌气。腹泻严重者，表现脱水，眼球塌陷，被毛蓬乱，昏睡，有时出现抽搐。一般病程急剧，多为 1~3d 或稍长些，常因治疗不及时或不对症而死亡。

出血性胃肠炎病狐表现精神沉郁，卧于窝箱内不活动，鼻镜干燥，眼球塌陷，口渴，食欲废绝，步态不稳，身体摇晃，蜷腹拱腰，腹泻，排出煤焦油样或带血粪便。后期体温下降，后躯麻痹，惊厥、痉挛而死。

［治疗］要着重于大群防治，从饲料中排除不良因素。有条件时，可给病狐饲喂一些鲜牛乳或乳粉，在饲料中加入一些广谱抗生素（土霉素和新霉素）或磺胺脒之类的药物。仔狐断乳时要给予易消化、新鲜、营养丰富的饲料。为了恢复食欲，可肌内注射复合维生素 B 液，口服喹乙醇、敌菌净（混于饲料中喂）；脱水严重者可补液，皮下或肌内注射 5%葡萄糖溶液，每天 2 次，连用 3~5d。还可注射维生素 C 0.5~1mL，青霉素或链霉素 20 万~40 万 IU，每天 2 次，连用 3~5d，具体注射天数需要根据病狐病情来决定。

2）幼狐消化不良。

［症状］病狐肛门部被粪便污染；粪便为液状，呈灰黄色，含有气泡；口腔恶臭，舌苔为灰色；被毛蓬松，缺乏正常光泽。

［治疗］虽然无高死亡率，但应注意护理和治疗。一般情况下，投给适量促进消化的药物即可。但病情较重者可应用土霉素，每次 5~10mg，链霉素每次 500~1000IU，每天 2 次，连用 3~5d。颈部皮下注射 10%葡萄糖或生理溶液，同时肌内注射维生素 B_1、维生素 B_6、维生素 B_{12}治愈加快。维生素 B_1 注射量为 0.5mL，维生素 B_6 为 0.2mL，维生素 B_{12} 为 5μg；10%葡萄糖 6mL，生理溶液 50mL，皮下多点注射，每天 2 次，连用 3~5d。这样治疗可缩短病程，不用治疗 7~10d 才能痊愈，而应用上述方法，4~7d 即可治愈。

3）肠梗阻。

［症状］病狐食欲完全丧失及进行性消瘦。产仔后母狐不采食，发现从口腔内排出污白色泡沫，流涎。常常发现呕吐或呈现要排便的动作，严重时出现腹痛，时时以腹部摩擦笼网。

［治疗］用食道探子投给病狐加温至与体温相同并混有消炎药的凡士林油，剂量为 150mL，每天 1 次，反复 3~4 次，常可见效。严重者可实行剖腹手术。预防该病必须保证在妊娠期母狐不拒绝饲料，保持良好的食欲，并保证完全温暖的饮水。饲料要严加检查，除去夹杂物如橡皮块、包装用纸等。

（3）产科病

1）流产。

［症状］流产后往往在窝箱或笼内看不到胎儿，但能看到血迹，个别狐能看到残缺不全的胎儿。一般从母狐的外阴部流出恶露，1~2d 后见到红黑色的膏状粪便。银黑狐、北极狐发生不完全的隐性流产时，如果触摸后腹部，可摸到无蠕动的死胎。

［治疗］对已发生流产的母狐，为了防止子宫炎和自身中毒，每只每次可注射青霉素 20 万~40 万 IU；为了促进食欲，可注射复合维生素 B 0.5~1mL，每天 2 次，连用 3~5d。对不完全流产的母狐，要进行保胎治疗，可注射孕酮（1%黄体酮）0.3~0.5mL 和口服维生素 E，每天 1 次，连用 3~4d。对已经确认死胎者，可先注射缩宫素 1~2mL，之后再进行治疗。为了防止感染败血症和其他疾病，可肌内注射抗生素和磺胺类药物。为了预防该病发生，狐场要保持安静，杜绝机动车辆进入，饲料要保持全价、新鲜，不轻易更换饲料，并且妊娠期狐场谢绝参观。

2）乳腺炎。

［症状］病狐的乳房基部形成纽扣大小的结节，有的乳房有外伤，化脓。病重者表现精神不安，常在笼中徘徊，不愿喂仔狐。有的病狐常叼仔狐出入窝箱，而不安心护理。仔狐由于不能及时哺乳，发育迟缓，被毛蓬乱焦躁，并经常发出尖叫声。母狐因长期乳腺发炎，体

温升高，食欲减退或废绝，精神沉郁，体力衰弱。

［治疗］产仔泌乳期要加强母狐的饲养管理，经常观察产仔母狐的哺乳行为和仔狐的发育状况。一经发生乳腺炎时，初期提倡按摩乳房，排出积留乳汁。如果感染化脓，可用0.25%盐酸普鲁卡因5mL、青霉素40万IU，在病狐炎症位置周围的健康部位进行封闭治疗。化脓部位用0.3%依沙吖啶洗涤创面，然后涂以青霉素油剂或消炎软膏。对拒食的母狐，要静脉注射5%葡萄糖20~30mL，肌内注射复合维生素B 1~2mL，每天注射1次，连用3~5d。

3）子宫内膜炎。

［症状］交配后患该病的种狐，症状多出现在交配后的7~15d。病初表现食欲减退或不食，精神不振，外阴部流出少量脓性分泌物。严重时，流出大量带有脓血的黄褐色分泌物，并污染外阴部周围的被毛。产后患子宫内膜炎的母狐，产后2~4d出现拒食，精神极度不振，鼻镜干燥、行为不安；子宫扩大，敏感，收缩过程缓慢。仔狐虚弱，发育落后，并常常发生腹泻。

［治疗］预防该病发生要加强狐场的卫生管理，配种前和产仔前要对笼舍用火焰喷灯消毒，配种前对种公狐的包皮及母狐的外阴部用0.1%高锰酸钾或0.3%依沙吖啶擦洗1次，以消除感染源。产仔母狐窝箱的垫草要保持干燥、清洁，出现难产母狐要及时助产。治疗该病可用青霉素或诺氟沙星等抗生素，每只每天可肌内注射青霉素40万IU、诺氟沙星每千克体重1~1.5mL，每天2次，连用3~5d，具体注射天数需要根据病狐病情来决定。重病狐可先用0.1%高锰酸钾或0.3%依沙吖啶清洗阴道和子宫后，再用上述药物治疗。

（4）泌尿系统疾病

1）膀胱麻痹。

［症状］最初症状为母狐在给食时不出窝箱；其后母狐腹围逐渐增大，触摸膀胱显著变大且有波动。此时病狐呼吸困难，腹壁紧张。多数病例为急性经过（1~2d），并发症为膀胱破裂。

［治疗］根据特有临床症状建立诊断。如果病狐无窒息症状，可将母狐从窝箱内驱赶出来，让其在笼内运动20~40min，使尿液从膀胱中排空。如果还不能达到目的，可将母狐放到兽场院内10~20min，使其把尿充分排出。上述方法无效时，可实行剖腹手术，经膀胱壁把针头刺入膀胱内使其排空尿液。产仔泌乳期要合理饲养，保持狐场安静。饲养人员在喂饲时若母狐不从窝箱内出来，可把这样的母狐赶出窝箱，插上挡板，让母狐把尿在外面排出后，再打开挡板放回窝箱内。

2）尿结石。

［症状］常不出现任何症状而突然死亡。有的病狐作频频排尿动作，有的病狐尿呈点滴状而不能随意排出，常浸湿腹部绒毛。妊娠母狐肾脏和尿路结石妨碍子宫正常收缩。

［治疗］由于结石在碱性尿液中形成，可改变日粮使之成为酸性，同时饲料应为液状并保持足够的饮水。为达到预防目的，可在饲料中添加氯化铵或磷酸化学纯品。

3）尿湿症。

［症状］病狐随意地频频排尿，会阴部、腹部及后肢内侧被毛高度浸湿。皮肤逐渐变红并显著肿胀，不久在浸湿部出现脓疱，脓疱破溃形成溃疡。当病程继续发展时，被毛脱落，皮肤变硬、粗糙，在皮肤和包皮上出现坏死变化，坏死扩延侵害后肢内侧及腹部皮肤。常常发生包皮炎，包皮高度水肿，排尿口闭锁，尿液积留于包皮囊内，病狐高度疼痛。与尿结石

不同，尿湿症的尿液呈酸性。有时发生化脓性膀胱炎时，炎症过程可能转移至腹部，引起化脓性腹膜炎而很快死亡。

[治疗] 改善病狐的饲养管理，从日粮内排除质量不好的饲料，换上易消化和富含维生素成分的饲料（牛乳、鲜鱼或鲜肉），给予清洁、足够的饮水。为消除病原，常采用抗生素（青霉素、土霉素、链霉素等）疗法，效果良好。

（5）中毒病

1）肉毒梭菌毒素中毒。

[症状] 于食后5~24h突然发病，最长为48~72h。病狐表现运动不灵活，躺卧，不能站立。后肢先出现不完全麻痹或麻痹，不能支撑身体，拖肢爬行；继而前肢也出现麻痹，病重时出入窝箱困难。有的病狐表现神经症状、流涎、吐白沫、瞳孔散大、眼球突出；有的病狐常发出痛苦尖叫，进而昏迷死亡。少数病例可看到呕吐、腹泻。

[治疗] 该病因来势急、死亡快和群发等特点，一般来不及治疗。特异性疗法可用同型阳性血清治疗，效果较好。对症治疗可用强心、利尿剂，皮下注射葡萄糖溶液等。从根本上预防该病，应注意饲料的卫生检查，用自然死亡动物的肉类时，一定要经过高温处理。最有效的预防办法是注射肉毒梭菌疫苗，而且最好用C型肉毒梭菌疫苗，每次每只注射1mL，免疫期为3年。

2）霉玉米中毒。

[症状] 病狐食欲减退、呕吐、腹泻、精神沉郁，出现神经症状，抽搐、震颤、口吐白沫，角弓反张，癫痫性发作等。急性病例解剖可见胃肠黏膜出血、充血、溃疡、坏死；肝脏、肾脏充血、变性及坏死；口腔黏膜溃疡、坏死。

[治疗] 饲料贮存时要保持通风、干燥，并经常晾晒，粉碎后的玉米面要及时散热，采购时要防止不合格的玉米进场。发现该病发生，应立即停喂有毒饲料，在日粮中加喂蔗糖、葡萄糖、绿豆水等解毒；严重时，静脉或腹腔注射葡萄糖注射液。为防止出血，可在葡萄糖注射液中加入维生素K_3和维生素C。

3）食盐中毒。

[症状] 食盐中毒的狐，常出现高度口渴、兴奋不安、呕吐，从口鼻中流出泡沫样黏液，呈急性胃肠炎症状。腹泻，全身虚弱，出汗，伴有癫痫，叫声嘶哑，病狐在昏迷状态下死亡。有的病狐运动失调，做旋转运动，排尿失禁，尾巴翘起，四肢麻痹。该病若为群发，多为饲料中食盐过量或饮水不足；若为散发，则是因调料搅拌不均匀造成的。

[治疗] 一定要注意加盐标准。淡水鱼和海鱼要区别对待；对含盐高的鱼粉或咸鱼要脱盐后再喂；加工饲料时要搅拌均匀，同时保证饮水充足。

4）有机氯化合物中毒。

[症状] 因为有机氯化合物是神经毒素，所以表现为神经中枢系统的障碍。动物变得胆小，敏感性和攻击性增强，共济失调，痉挛、震颤，步态不稳，常于这种状态下死亡。也有表现高度沉郁，食欲废绝，于衰竭状态下经12~24h死亡。

[治疗] 无特异性治疗法。应用盐类泻剂和中枢神经系统镇静剂治疗是合理的。另外，内服碱性药物可以破坏部分毒物，如碳酸氢钠或氯化镁；也可用3g氢氧化钙溶解在1000mL冷水中，搅拌澄清后应用。为防止有机氯化合物中毒，每千克饲料含有机氯化合物不得超过0.5g。

（6）营养代谢性疾病

1）维生素 A 缺乏症。

［症状］银黑狐患该病时，神经纤维髓鞘磷脂变性，母狐滤泡变性，公狐曲细精管上皮变性，从而导致狐繁殖机能下降。幼狐和成年狐临床表现基本相同，早期症状是神经失调，抽搐，头向后仰，病狐失去平衡而倒下。病狐的应激反应增强，受到微小的刺激便高度兴奋，沿笼转圈，步履摇晃。仔狐肠道机能受到不同程度的破坏，出现腹泻症状，粪便中混有大量黏液和血液；有时出现肺炎症状，生长迟缓，换牙缓慢。

［治疗］保证日粮中维生素 A 的供给量，注意饲料中蔬菜、鱼和肝脏的供给。治疗该病可在饲料中添加维生素 A，治疗量是需要量的 5～10 倍，银黑狐和北极狐每天每只 3000～5000IU。

2）维生素 E 缺乏症。

［症状］母狐缺乏维生素 E 时，发情期拖延，不孕和空怀增加，生下的仔狐精神沉郁、虚弱、无吮乳能力，死亡率增高；公狐表现性欲减退或消失，精子生成机能障碍。营养好的狐脂肪黄染、变性，多于秋季突然死亡。白肌病常发生在 6~7 月龄的育成仔狐中，食欲好的更为容易发生，往往觉察不到就突然死亡；死尸口腔极白，像严重贫血状，鼻镜湿润，被毛蓬松缺乏光泽，身体潮湿，似泼水样。

［治疗］根据狐的不同生理时期情况提供足量的维生素 E，饲料不新鲜时要加量补给维生素 E。治疗该病时，可肌内注射维生素 E 针剂，每只每次 2mL，每天 2 次，连用 2d；也可用维生素 E 粉剂每只每次 10mg，每天 2 次，连用 5d。待病情得到控制后，继续添加维生素 E 粉剂，每只每次 5mg，同时配合一定量的多种维生素效果更好。

3）维生素 C 缺乏症。

［症状］当妊娠母狐在妊娠期缺乏维生素 C 时，多引起初生仔狐患红爪病。1 周龄以内的仔狐患红爪病，表现为四肢水肿，皮肤高度潮红，关节变粗，趾垫肿胀变厚，尾部水肿。经过一段时间以后，趾间溃疡、皲裂。如果妊娠期母狐严重缺乏维生素 C，则仔狐在胚胎期或出生后发生趾掌水肿，开始时轻微，以后逐渐严重。出生后第二天趾掌伴有轻度充血，此时尾端变粗，皮肤潮红。患病仔狐常发出尖叫，到处乱爬，头向后仰，精力衰竭。

［治疗］保证饲料中维生素种类齐全、数量充足。维生素 C 在高温时易分解，需用凉水调匀。母狐产仔后，要及时检查，若发现红爪病病狐，应及时治疗，投给 3%～5%维生素 C 溶液，每天每只 1mL，每天 2 次，连用 5d，可以用滴管经口投入，直到肿胀消除为止。

4）佝偻病。

［症状］该病多发生在 1.5~4 月龄的幼狐中，主要症状是肢体变形，两前肢内向或外向呈 O 或 X 形腿。病情严重者肘关节着地。由于肌肉松弛，关节疼痛，步履拘谨，多用后肢负重，呈现跛行。定期发生腹泻。病狐抵抗力下降，易患感冒及感染传染病。患该病的幼狐发育迟缓，体形矮小，若不及时治疗，以后可转变成纤维素性骨营养不良症。

［治疗］日粮要保证钙、磷的含量和比例平衡，钙∶磷为 1∶1 或 1∶2。另外，要保证维生素 D 的供应，狐舍不宜过度阴暗。治疗该病病狐，每天每只要加喂维生素 D 1500～2000IU，同时应饲喂新鲜碎骨；还可以静脉注射葡萄糖酸钙或维丁胶性钙，在饲料中加喂钙片，增加日光浴。

5）白鼻子病。在貉养殖区普遍发生，该病病情发展缓慢，病程长，多见于饲料单一、饲养环境条件差的小型养殖场，规模化养殖场发病较少。该病发生无明显季节性，分窝后开始发病，白鼻子、白爪子的症状逐渐明显，造成貉生长发育迟缓、繁殖力降低、毛皮质量下降，甚至死亡。

［症状］分窝后，在黑色或褐色的鼻镜上出现白点、白斑或红点、红斑，然后面积慢慢扩大直至整个鼻镜变白。病貉四肢表现为肌肉萎缩、发干，有的前肢出现毛发脱落，伴随皮屑的掉落，最后很难支撑身体。爪子逐渐变长、变白、弯曲，趾爪发干、失去光泽、无润滑感；脚垫由黑色变成白色，增厚、变硬，失去弹性；脚趾肿大、开裂，常继发感染出现流血、溃疡，病貉表现疼痛，不敢站立。患病初期病貉采食正常，随着病程的发展，有的病貉生长逐渐回缩，体重从 7~8kg 下降到 2~3kg，最后十分消瘦，只吃不长，食欲明显变差。病貉被毛颜色变浅，粗糙无光泽，毛短绒空，缺乏弹性，容易脱落，导致毛绒质量下降。在发情季节，病貉发情症状不明显或持续发情，导致不能适时配种，引起漏配。在妊娠早期，母貉腹围增大，但随着时间的推移，腹围不增加反而逐渐缩小，最后恢复到未妊娠状态，胚胎因发病早期被吸收；妊娠中期大量出现流产和死胎；妊娠后期，有的貉出现胚胎吸收或死胎，即便坚持到产仔，产出的仔貉也经常会出现弱仔、小仔或产后陆续死亡的现象。

［治疗］采用综合手段治疗。该病可能与血液寄生虫，尤其是血液原虫，如焦虫病、附红细胞体等感染有关；该病也可能与营养缺乏有关，是综合性营养代谢性疾病，由于蛋白质、维生素缺乏使机体营养不平衡、代谢发生紊乱而导致。

驱虫。用伊维菌素、阿苯达唑等驱除体内外寄生虫，用药 3d 后，停喂 3d，再饲喂 3d 为 1 个疗程。通过镜检血虫，如果有血吸虫病可选用盐酸多西环素、磺胺间甲氧嘧啶进行肌内注射。驱虫后投喂生血、补血的添加剂如复合维生素 B、葡萄糖酸铁及优质益生素等。

加强饲养管理，饲喂全价饲料，注意环境卫生，保持笼舍卫生、舒适，减少各种应激。在配制日粮时不要过于单一，注意动物性饲料原料的添加，尽量使用多种饲料原料，使各种饲料原料的营养成分相互补充，同时要根据貉在各个生长时期的营养需要进行调制，注意各种维生素、微量元素的添加，为貉的生长发育提供优质、全价、适口的饲料。良好的饲养管理和日粮搭配可有效防止该病的发生。

第五节　特禽常见病诊断与治疗

本节主要介绍特禽常见疾病。

1. 雉鸡大理石样脾病

由禽腺病毒引起的雉鸡急性接触性传染病，各生物学时期均易感病，主要侵害 3~8 月龄封闭饲养的雉鸡。

［症状］外观健壮，增重正常，突然死亡，肺功能衰竭。多数见呼吸急促，精神、食欲减退，消化道功能紊乱，间歇性腹泻，严重时会导致肺功能衰竭而死亡。

［治疗］无特效药物，以预防为主。做好消毒和卫生工作，供给全价日粮和新鲜清洁饮水。发病后可用高免血清或康复血清治疗，也可使用双黄连注射液进行肌内注射。

2. 黑头病（盲肠肝炎）

［症状］精神沉郁，食欲废绝，羽毛粗乱，两翅下垂，常把头伸在翼下，行走呈踩高跷

步态，排黄色水样便，严重时粪便带血或全血便，盲肠肿大、溃疡，肝脏肿大，表面有蛋黄色或浅白色斑点。

［治疗］特禽养殖场最好不要同时养殖其他禽类，特别是家禽。不能在同一养殖区域饲养2年以上，不同年龄应分开饲养。自然光照是灭虫卵的最佳办法，阳光照射还可增强抵抗力。避免发生局部湿度过大或粪便堆积的现象。

3. 火鸡痘

［症状］根据患病部位不同，分为皮肤型和黏膜型。皮肤型多在夏、秋季发生，主要表现在头部、颈、翅内侧无毛部位出现黄豆或豌豆大的结节，灰黄色结节内有黄脂状内容物，结节多时可互相连接、融合，形成一个厚的痂块，突出于表皮。如果发生在头部时，可使眼睑完全闭合，一般无明显全身症状。黏膜型多出现在冬季，主要在口腔和咽喉黏膜发生，初呈黄白色小结节，后逐渐扩大，并互相融合，发生纤维素性、坏死性炎症，形成一层干酪样假膜，覆盖在黏膜上。

［治疗］日常做好卫生防疫工作和灭蚊工作，并且要接种鸡痘疫苗。在发病时，立即进行隔离治疗，用2%~4%硼酸溶液洗涤痘痂处，或挑破洗涤后涂上碘酒紫药水。口腔黏膜上的假膜，先用镊子剥离，然后涂上碘甘油。在饲料中添加抗生素类药物，可减少死亡。

4. 巨细菌性胃炎

［症状］主要为鸵鸟易患。感染鸵鸟啄食，生长停滞，体重下降，最后卧地不起，衰竭而死。剖检可见心脏冠状沟脂肪严重萎缩，腺胃扩张，充满疏松的食物团块，肌胃空虚；肌胃内容物冲洗后，可见多条糜烂和溃疡的重叠线。

［治疗］在饮水中加适量盐酸，降低胃内pH，同时加入抗菌药物，连续数天。

5. 胃肠梗阻

［症状］不爱吃食，营养不良，精神不振，眼半开半闭，触摸胃肠部有硬块。

［治疗］加强饲养管理，对幼鸟饲喂鲜嫩易消化的青饲料，应少喂多餐，禁喂茎秆含粗纤维过多且难以消化的饲料，及时清理场区异物，加强运动。治疗该病首先要少喂或停喂1~2d，改喂易于消化的饲料。药物治疗可喂服液状石蜡。严重时要进行剖腹手术取出硬块。

第六章

特种畜禽生产性能测定

第一节　鹿的生产性能测定

鹿的生产性能指标主要包括体重体尺、产茸性能、繁殖性能等。现分别对3项指标的测定方法进行简要介绍。

一、体重体尺测定

1. 体重测定

（1）初生仔鹿体重　仔鹿出生毛干后1日龄的体重为初生仔鹿体重。一般采用量程为100~200kg的台秤测定，要求准确到0.1kg，且记录时应注明性别。

（2）离乳仔鹿体重　仔鹿哺乳到3月龄断乳分群时的体重为离乳仔鹿体重。一般在前后带活动门的过道上安装量程为200~500kg的小地秤测定，要求准确到0.2kg，且记录时应注明性别。

（3）幼年期鹿体重　仔鹿3~18月龄期间称为幼年期。幼年鹿体重一般要求于5~7月（即1周岁左右）期间测定，而幼年公鹿结合锯初角茸时进行测定，记录时应注明性别。一般在前后带活动门的过道上安装量程为200~500kg的小地秤测定；也可用药物麻醉后测定。要求准确到0.2kg，应早晨空腹称重。

（4）青年期鹿体重　茸鹿18月龄至4周岁期间称为青年期。青年公鹿体重一般要求于每年的5~7月测定，此时结合锯头茬茸进行，记录时应注明锯别或年龄；青年母鹿体重一般要求于每年仔鹿断乳分群时测定，记录时应注明胎别或年龄。一般在前后带活动门的过道上安装量程为500~1000kg的小地秤测定；也可用药物将鹿麻醉后测定。要求准确到0.5kg，应早晨空腹称重。

（5）成年期鹿体重　茸鹿4周岁体成熟以后称为成年期。成年公鹿、母鹿体重的测定方法和要求同青年公鹿、母鹿。

2. 体尺测定

（1）体高　为肩胛顶点至地面的垂直高度。要求用测杖测量，应准确到1cm。

（2）体长　为肩端前缘（肱骨隆突的最前点）到臀端后缘（坐骨结节的后内隆突）的直线距离。要求用测杖测量，应准确到1cm。

（3）胸围　是指沿肩胛后缘垂直绕胸部测量的周长。要求用卷尺测量，应准确到1cm。

（4）头长 是指额顶至鼻镜上缘的直线距离。要求用圆形测定器测量，应准确到0.5cm。

（5）额宽 是指额的最大宽度，即两眼眶外侧缘间的直线距离。要求用圆形测定器测量，应准确到0.5cm。

（6）角基距 是指贴近额骨量取的左右角柄中心间的直线距离。要求用圆形测定器测量，应准确到0.5cm。

（7）角基围 是指角柄中间部的围度。要求用卷尺测量，应准确到0.5cm。

二、产茸性能测定

1. 茸重测定

（1）鲜茸重 鹿茸锯下后至加工前带血、带水分的重量为鲜茸重，即排血茸为不撸皮血于刷洗前的鲜重，带血茸为封锯口前的鲜重。要求用量程为10kg或20kg的电子秤称量，应准确到1g，并注明茸型（初角茸、二杠茸、三杈茸、四杈茸、畸形茸）和收茸茬别（头茬茸、再生茸），鹿茸的左、右支分别记录。

（2）干品茸重 也称干茸重。鲜鹿茸经脱水（或排血和脱水）加工成可供市场销售的风干品称为干品鹿茸，该种鹿茸的重量为干品茸重。要求用量程为10kg的电子秤称量，应准确到1g，应注明茸型（初角茸、二杠茸、三杈茸、四杈茸、畸形茸）和收茸茬别（头茬茸、再生茸），鹿茸的左、右支分别记录。

（3）鹿茸鲜干比值 鲜茸重与其加工后的干品茸重的比值称为鹿茸鲜干比值。要求保留到小数点后两位。

（4）茸鹿群体产茸量

1）初角茸平均单产。初角茸总产量除以锯初角茸公鹿数的数值为初角茸平均单产。要求准确到1g/只，并应注明鲜茸平均单产或干品茸平均单产。

2）某锯茸平均单产。某锯茸（头锯茸、二锯茸、三锯茸、四锯茸、五锯茸……）总产量除以锯某锯茸公鹿数的数值为某锯茸平均单产。要求准确到1g/只，并应注明鲜茸平均单产或干品茸平均单产。

3）上锯茸平均单产。上锯茸总产量除以锯上锯茸公鹿数的数值为上锯茸平均单产。要求准确到1g/只，并应注明鲜茸平均单产或干品茸平均单产。

4）二杠茸平均单产。二杠茸总产量除以锯二杠茸公鹿数的数值为二杠茸平均单产。要求准确到1g/只，并应注明鲜茸平均单产或干品茸平均单产。

5）三杈茸平均单产。三杈茸总产量除以锯三杈茸公鹿数的数值为三杈茸平均单产。要求准确到1g/只，并应注明鲜茸平均单产或干品茸平均单产。

6）四杈茸平均单产。四杈茸总产量除以锯四杈茸公鹿数的数值为四杈茸平均单产。要求准确到1g/只，并应注明鲜茸平均单产或干品茸平均单产。

7）畸形茸平均单产。头茬畸形茸总产量除以锯畸形茸的上锯公鹿数的数值为畸形茸平均单产。要求准确到1g/只，并应注明鲜茸平均单产或干品茸平均单产。

8）畸形茸率。上锯公鹿头茬畸形茸支数占上锯公鹿头茬茸总支数的百分比为畸形茸率。要求保留到小数点后两位。

9）再生茸平均单产。上锯再生茸总产量除以锯上锯再生茸公鹿数的数值为再生茸平均单产。要求准确到1g/只，并应注明鲜茸平均单产或干品茸平均单产。

2. 茸尺测定

（1）茸尺相关名词 鹿茸锯下后至加工前测定的茸尺为鲜茸茸尺；鲜鹿茸经脱水（或排血和脱水）加工成风干品后测定的茸尺为干品茸茸尺。要求测定茸尺时注明年龄（或锯别）、鲜茸（或干品茸）、左支（或右支）及测定日期。涉及茸尺相关的名词及定义如下：

主干：俗称干身、大挺，是从鹿额骨角柄上长出的茸角主枝。

侧枝：是指从茸角主干分生出的具有种属特异性的分枝。

眉枝：茸角主干上分生出的第一分枝。

冰枝：双门桩茸角主干上分生出的第二分枝。

中枝：单门桩茸角主干上分生出的第二分枝，或双门桩茸角主干上分生出的第三分枝。

第三枝：单门桩茸角主干上分生出的第三分枝。

第四枝：双门桩茸角主干上分生出第四分枝。

枝芽：萌发于茸角主干而尚未发育成侧枝的突起。

扈口：是指茸角主干与侧枝间的杈口。

二杠茸：是指具有主干和眉枝的鹿茸，为梅花鹿茸的商品规格名称。包括二杠锯茸和二杠砍茸。

三杈茸：是指具有主干、眉枝和中枝（马鹿茸还具有冰枝）的鹿茸，为梅花鹿茸和马鹿茸的商品规格名称。包括三杈锯茸和三杈砍茸。

四杈茸：是指具有主干、眉枝、冰枝、中枝和第四分枝的鹿茸，为马鹿茸的商品规格名称。包括四杈锯茸和四杈砍茸。

（2）主干长度 锯口边缘至鹿茸顶端的自然长度为主干长度。要求用卷尺沿鹿茸主干后侧测量，应准确到0.1cm。

（3）主干围度 梅花鹿茸主干围度指主干中部最细部的围度；马鹿茸主干围度指冰枝与中枝间主干最细部的围度。要求用卷尺测量，应准确到0.1cm。

（4）眉枝长度 由眉枝扈口沿眉枝上缘至枝端的自然长度为眉枝长度。要求用卷尺测量，应准确到0.1cm。

（5）冰枝长度 由冰枝扈口沿冰枝上缘至枝端的自然长度为冰枝长度。要求用卷尺测量，应准确到0.1cm。

（6）中枝长度 由中枝扈口沿中枝上缘至枝端的自然长度为中枝长度。要求用卷尺测量，应准确到0.1cm。

（7）眉枝围度 眉枝围度指眉枝1/2处的围度。要求用卷尺测量，应准确到0.1cm。

（8）冰枝围度 冰枝围度指冰枝1/2处的围度。要求用卷尺测量，应准确到0.1cm。

（9）眉二间距 由眉枝扈口至中枝扈口间的距离为眉二间距。要求用圆形测定器测量，应准确到0.1cm。

（10）嘴头长 最上端扈口至鹿茸顶端的自然长度为嘴头长。要求用卷尺测量，应准确到0.1cm。

三、繁殖性能测定

1. 受配率

受配母鹿数占参配母鹿数的百分比为受配率。要求保留到小数点后两位。

2. 妊娠率

妊娠母鹿数（包括产仔母鹿数、流产母鹿数、死胎母鹿数等）占受配母鹿数的百分比为妊娠率。要求保留到小数点后两位。

3. 受配母鹿产仔率

产仔母鹿数占受配母鹿数的百分比为受配母鹿产仔率。要求保留到小数点后两位。

4. 产双仔率

产双仔母鹿数占产仔母鹿数的百分比为产双仔率。要求保留到小数点后两位。

5. 仔鹿哺乳期成活率

仔鹿哺育到3月龄断乳分群时存活的仔鹿数占出生仔鹿数的百分比为仔鹿哺乳期成活率。要求保留到小数点后两位。

6. 繁殖成活率

仔鹿哺育到3月龄断乳分群时存活的仔鹿数占上年度参配母鹿数的百分比为繁殖成活率。要求保留到小数点后两位。

第二节　毛皮动物的生产性能测定

一、水貂生产性能测定

1. 测定时间

每年4月15日~5月5日，测定水貂全群的产仔情况和仔貂初生重（公、母貂各测定30只）；整理水貂3月配种记录，统计配种数据、留种数据，公貂配种次数等信息。

2. 体重指标

（1）称量　初生重要求窝数大于30窝、窝产仔数大于5只，尽量选择产仔数较为集中的一天；考虑死亡等因素，便于后续各时期的体尺体重测定，尽量多测量，分别记录，便于以后选种；所有测量结果保留小数点后一位。

（2）具体指标

1）同窝仔数。指包括被测个体在内的出生时的窝产仔总数（包括死胎、畸形胎等在内）。单位：只。

2）初生窝重。一只母貂所产全部仔貂的总重量。单位：g。

3）仔貂初生重。指初生窝重除以同窝仔数。单位：g/只。

4）窝产活仔数。一窝仔貂中活的仔貂数量。单位：只。

3. 繁殖性能指标

（1）留种数据

1）留种母貂数。去年年底留种母貂数量。单位：只。

2）留种公貂数。去年年底留种公貂数量。单位：只。

（2）配种数据

1）参配母貂数。今年实际接受交配的母貂数量。单位：只。

2）参配公貂数。今年实际参加交配的公貂数量。单位：只。

3）公貂配种次数。指在一个繁殖季节里单只公貂交配的总次数。单位：次。

（3）妊娠期 产仔日期与交配日期的差值（d），即：妊娠期（d）= 产出仔貂的日期-最后一次成功交配日期。

（4）产仔母貂数 指留种母貂中实际产仔的母貂数量。单位：只。

（5）利用年限 指公貂或母貂具备种用价值的年数。单位：年。

4. 体重体尺测定

每年6、7、10和11月测定体重体尺数据。水貂分窝后，有条件的养殖场可以将测定动物群体单独饲养，并悬挂育种卡片进行编号，建议注射电子芯片进行标记（非必须要求）。对45日龄、3月龄、6月龄、9月龄和11月龄水貂的体重、体尺性状进行测定，测定时尽量选择已称量初生重的个体，测定数量建议公、母貂各50只，确保有疾病和死亡发生时，测定总数能保证相关数量要求。

生长性能测定准备耗材包括测定表格、记号笔、签字笔、软尺、钢直尺、钢卷尺、台秤（精确到5g，称量范围为10kg）、串笼、号牌和乳胶手套等。

（1）体重 早饲前空腹状态下的活体重量。单位：g。测定时，用台秤称量串笼重量，再称量串笼和水貂的总重量。体重（g）=［笼+水貂］重（g）-笼重（g）。

（2）体长 伸直状态下鼻端到尾根（坐骨端）的直线距离。单位：cm。测定时，使水貂伸直，用直尺量取鼻端到尾根的直线距离。

（3）尾长 尾尖到尾根的直线距离。单位：cm。测定时，用直尺量取尾尖到尾根的直线距离。

5. 毛皮品质测定

每年11~12月毛皮成熟时，测定毛皮品质数据。

（1）毛样采集 用铁丝网（网眼大小为1cm×1cm）分别在背中部、腹中部、臀部和十字部选取1cm^{2}的被毛紧贴表皮剪下，将毛样按水貂编号和不同部位分类放入封口袋中待测。

（2）针（绒）毛细度 指每根针（绒）毛中间部位的直径。单位：μm。用镊子夹取针（绒）毛的一端放在数显外径千分尺的测量杆部位，测其中间部位的直径。每个部位各测量30根以上。该部位的针（绒）毛细度以平均值表示。

（3）针（绒）毛长度 指自然伸直状态下的针（绒）毛，从毛根到毛尖的长度。单位：cm。将毛样置于湿润的载玻片上，使其自然伸直，用刻度尺测量毛根到毛尖的长度。每个部位各测量30根以上。该部位的针（绒）毛长度以平均值表示。

（4）针绒毛长度比 针绒毛长度比=针毛长度（mm）/绒毛长度（mm）。

（5）被毛密度 指单位毛皮面积内针毛和绒毛的总数量。单位：根/cm^2。以背中部被毛密度的平均值代表全身被毛密度。用电子天平准确称量背中部（1/2处）面积为S（单位：cm^2）的毛样重量，单位：mg，记录数据M；随机选取毛样的1/10~1/5作为分析样本称重，记录数据m_1；用镊子和放大镜逐根数出样本毛纤维数量（根），记录数据W_1；根据2份毛样的重量关系，计算出被毛密度W。

$$W=[W_1\times(M/m_1)]/S$$

（6）皮张长度 指剥取的水貂季节皮从鼻尖至尾根的长度。单位：cm。测定时，处死水貂剥取皮张后上楦（必须使用标准楦板）固定，用直尺量取鼻尖到尾根的直线距离，即为皮张长度。

二、狐貉生产性能测定

狐、貉生产性能测定主要分为3个方面，包括生长性能测定、毛皮品质测定和繁殖性能测定。由于狐和貉生产性能测定相似，貉的生产性能参照狐进行。

1. 生长性能测定

赤狐、银黑狐和北极狐都需要进行生长性能的测定，而且测定方法也基本相似，其作用是为狐的早期选择提供依据。早期生长发育不良的个体一般在以后生产性能上的表现也较差，因而要及早淘汰。生长性能的测定主要是各生长阶段的体长和体重。

（1）体长　测量鼻尖到尾根的长度，单位为cm，精确到0.1cm。测量21日龄体长、45日龄体长、60日龄体长，60日龄后到终选每月测量体长1次，1周岁后每年终选测量体长1次。

（2）体重　应在早饲前空腹用电子秤称重，单位为g，精确到0.1g。称取21日龄体重、45日龄体重、60日龄体重，60日龄后到终选每月称重1次，1周岁后每年终选称重1次。

银黑狐出生后生长发育很快。初生重80~130g，平均日增重1~10日龄为17.5g，10~20日龄为23~25g。银黑狐仔弧断乳后前2个月生长发育最快，8月龄生长基本结束，接近体成熟，银黑狐仔（幼）狐各月龄体重见表6-1。

表6-1　银黑狐仔（幼）狐各月龄体重

月龄	出生	1月龄	2月龄	3月龄	4月龄	5月龄	6月龄	7月龄	8月龄
体重/g	100	600~800	1880	3140	4310	5210	5660	5960	6090

冬季公银黑狐重6.0~11kg，体长65~72cm（个别达75cm）；母银黑狐重5.0~8.2kg，体长63~67cm。体重的季节性变化明显，夏季体重最轻，而12月~第二年1月体重最重，冬季比夏季平均重23%~26%，成年银黑狐体重的季节性变化见表6-2。

表6-2　成年银黑狐体重的季节性变化

性别	指标	1月	2月	3月	4~6月	7月	8月	9月	10月	11月	12月
公	体重/kg	10.2	9.4	8.6	—	7.9	8.4	9.2	9.9	10.4	10.7
	比重（%）	95.3	88.0	80.0	—	74.0	78.7	86.0	93.3	97.3	100
母	体重/kg	8.2	7.4	6.7	—	6.2	6.6	7.3	7.8	8.1	8.4
	比重（%）	98.3	88.3	80.0	—	73.3	78.3	86.7	93.3	96.7	100

北极狐仔、幼狐生长发育迅速，尤其40~135日龄生长发育快，180日龄接近体成熟，北极狐各月龄体重见表6-3。

表6-3　北极狐各月龄体重　（单位：g）

性别	初生	1月龄	2月龄	3月龄	4月龄	5月龄	6月龄	7月龄
公	89±4.66	1395±33.16	3328±72.12	4892±112.10	5833±125.11	6752±129.90	7860±156.22	8228±167.34
母	88±6.20	1245±34.16	3127±34.16	4721±111.34	5634±115.09	6493±131.22	7633±159.66	8040±172.00

2. 毛皮品质测定

狐的毛皮品质是选择种狐的重要指标，毛皮品质的测定主要在毛皮成熟后对活体及干皮进行测定，主要测定的项目如下。

（1）干皮长度 测量狐皮在标准楦板干燥后鼻尖到尾根的长度，后裆开割不正的狐皮，按自鼻尖到臀部最近点的垂直距离，单位为 cm，精确到 0.1cm。

（2）被毛品质 针毛与绒毛长度、细度、密度测定部位为背中部，即鼻尖到尾根连线的中点，具体指标如下。

1）针（绒）毛长度。分开毛发，露出皮肤，用钢尺抵住皮肤，测定针（绒）毛去毛稍虚尖后从毛根到毛梢的距离，单位为 mm，精确到 0.1mm。

2）针绒毛长度比。所测狐针毛平均长度与绒毛平均长度的比值，结果保留两位小数。

3）针（绒）毛细度。紧贴皮肤剪取毛束，用细度仪测定针（绒）毛中间部位的直径，单位为 μm，精确到 0.01μm。

4）针（绒）毛密度。取备检狐皮，在背中部处剪取 $1cm^2$ 毛皮样品，将毛绒刮干净，做成石蜡切片，在扫描电子显微镜下测定毛束的数量及毛束内针（绒）毛数量，计算出 $1cm^2$ 针（绒）毛的数量，单位为万根/cm^2。

每年银黑狐取皮时间为 11 月中旬~12 月上旬，埋植褪黑激素的狐在埋植后 3~4 个月取皮。生皮长公狐为 90~95cm，母狐为 85~90cm。2015—2016 年先后在山东日照、潍坊及内蒙古金河 3 个养狐场对不同类型的北极狐进行了体重、体长测量和毛皮品质测定，结果见表 6-4和表 6-5。

表 6-4 北极狐体重和体长

品种	性别	体重/g	体长/cm
芬兰原种狐	公	12.1~20	71~85
	母	9.7~14.0	67.5~73
地产狐	公	5.5~6.7	58~70
	母	4.5~6.0	53~64
改良狐	公	9.2~15.1	72~80
	母	8.4~13.4	65~78

表 6-5 北极狐毛皮品质

品种	针毛长度/cm	绒毛长度/cm	针绒毛长度比
芬兰原种狐	5.3±0.31	4.8±0.32	1：0.90
地产狐	4.6±0.55	3.29±0.35	1：0.71
改良狐	5.6±0.45	4.8±0.61	1：0.87

3. 繁殖性能测定

在狐生产及育种中，繁殖性能占有十分重要的地位，因为它直接影响生产者的经济效益。虽然一般来说繁殖性能的遗传力都较低，用常规的育种方法所获得的遗传进展十分缓慢，但是在选种中仍然不能忽略繁殖性能，因为即使相关性状本身遗传进展不大，但通过选择可以防止由其他生产性能的遗传拮抗关系所导致的繁殖性能的退化。繁殖性能的测定工作只能进行场内测定，所有的测定工作必须由场内的工作人员完成，主要测定以下指标。

（1）公狐繁殖性能测定

1）精子密度。利用血细胞计数器或精子密度仪测量，以亿个/mL为单位，小数点后保留两位小数。

2）精子活率。精子数的活动有3种类型，即直线前进运动、旋转运动和振摆运动。精子活率指精液中呈直线前进运动精子数占总精子数的百分率，即：精子活率（%）=（呈直线前进运动精子数/总精子数）×100%。

目前评定精子活率等级采用十进制。直线前进运动的精子为100%者评为1.0级；90%者评定为0.9级；无直线前进运动精子的精液为0级。

3）精子畸形率。利用染色法在显微镜下检查畸形精子数占所有精子数的比率，采用百分制。精子畸形率（%）=（畸形精子数/总精子数）×100%。

4）公狐利用率。一个发情期内，达成配种的公狐数占参加配种的公狐数的百分率。公狐利用率（%）=（达成配种的公狐数/参加配种的公狐数）×100%。

（2）母狐繁殖性能测定

1）发情率。一个发情期内，发情母狐数占留种母狐数的百分率，以%表示。发情率（%）=（发情母狐数/留种母狐数）×100%。

2）受配率。一个发情期内，达成配种的母狐数占留种母狐数的百分率，以%表示。受配率（%）=（达成配种母狐数/留种母狐数）×100%。

3）空怀率。一个发情期内，失配和配而未妊娠的母狐数占留种母狐数的百分率，以%表示。空怀率（%）=［（失配母狐数+配而未妊娠的母狐数）/留种母狐数］×100%。

4）胎平均成活数。45日龄断乳时，仔狐数与产仔母狐数的比值，单位：只。胎平均成活数（只）=45日龄断乳仔狐数（只）/产仔母狐数（只）。

银黑狐9~11月龄性成熟，每年繁殖1次，平均窝产仔数为4.5~5.0只。季节性一次发情，发情持续期为5~10d，排卵期较短，为2~3d。北极狐10~12月龄性成熟，每年繁殖1次，平均窝产仔数8~12只。配种期为2月中旬~4月中旬。季节性一次发情，发情持续期为4~5d。自发排卵，多在发情后的第二天排卵，最初和最后一次排卵间隔时间5~7d。

第三节　特禽的生产性能测定

特禽生产性能测定主要包括体重体尺测定、屠宰性能测定、繁殖性能测定和肉蛋品质测定。

一、体重体尺测定

1. 体重

采用台秤进行称量。单位：g。

2. 体斜长

用皮尺沿体表测量肩关节至坐骨结节间的距离。单位：cm。

3. 半潜水长（水禽）

从嘴尖到髋骨连线中点的距离。单位：cm。

4. 龙骨长

用皮尺测量体表龙骨突前端到龙骨末端的距离。单位：cm。

5. 胸宽

用卡尺测量两关节之间的体表距离。单位：cm。

6. 胸深

用卡尺在体表测量第一胸椎到龙骨前缘的距离。单位：cm。

7. 胸角

用胸角器在龙骨前缘测量两侧胸部角度。

8. 骨盆宽

用卡尺测量两髋骨结节间的距离。单位：cm。

9. 胫长

用卡尺测量从胫部上关节到第三、四趾间的直线距离。单位：cm。

10. 胫围

胫骨中部的周长。单位：cm。

二、屠宰性能测定

1. 屠体重

屠体重为放血，去羽毛、脚角质层、趾壳和喙壳后的重量。单位：g。屠宰率（%）=（屠体重/宰前体重）×100%。

2. 半净膛重

屠体去除气管、食道、嗉囊、肠、脾脏、胰腺、胆和生殖器、肌胃内容物及角质膜后的重量。单位：g。半净膛率（%）=（半净膛重/宰前体重）×100%。

3. 全净膛重

半净膛重减去心脏、肝脏、腺胃、肌胃、肺、腹脂（快速型肉鸡去除头和脚）的重量。单位：g。去头时在第一颈椎骨与头部交界处连皮切开，去脚时沿跗关节处切开。全净膛率（%）=（全净膛重/宰前体重）×100%。

4. 胸肌重

沿着胸骨脊切开皮肤并向背部剥离，用刀切离附着于胸骨脊侧面的肌肉和肩胛部肌腱，即可将整块去皮的胸肌（包含胸大肌和胸小肌）剥离，然后称重。单位：g。胸肌率（%）=（两侧胸肌重/全净膛重）×100%。

5. 腿肌重

去腿骨、皮肤、皮下脂肪后的全部腿肌的重量。单位：g。腿肌率（%）=（两侧腿净肌肉重/全净膛重）×100%。

6. 腹脂重

腹部脂肪和肌胃周围脂肪的重量。单位：g。腹脂率（%）=［腹脂重/（全净膛重+腹脂重）］×100%。

三、繁殖性能测定

1. 开产日龄

蛋用型按日产蛋率达50%时的日龄计算；肉用型按日产蛋率为5%时的日龄计算。

2. 开产体重

达到开产日龄时的体重。测定不少于30只的平均体重。单位：g。

3. 产蛋数

入舍鸡产蛋数（枚/只）=总产蛋数（枚）/入舍母鸡数（只）；饲养日产蛋数（枚/只）=总产蛋数（枚）/平均日饲养母鸡数（只）。

4. 就巢率

统计期内就巢母鸡数占母鸡总数的百分比。

5. 育雏期成活率

育雏结束存活的雏鸡数占入舍雏鸡数的百分比。育雏期成活率（%）=(育雏期末存活雏鸡数/入舍雏鸡数)×100%。

6. 育成期存活率

育成期结束时存活的青年鸡数占育成期开始时入舍鸡数的百分比。育成期存活率（%）=(育成期末存活鸡数/育成期入舍鸡数)×100%。

7. 产蛋期成活率

产蛋期入舍母鸡数减去死亡数和淘汰数后占产蛋期入舍母鸡数的百分比。产蛋期成活率（%）=[(产蛋期入舍母鸡数-产蛋期死亡数-产蛋期淘汰数)/产蛋期入舍母鸡数]×100%。

8. 种蛋受精率

受精蛋占入孵蛋的百分比。血圈、血线蛋按受精蛋计数，散黄蛋按未受精蛋计数。种蛋受精率（%）=(受精蛋数/入孵蛋数)×100%。

9. 受精蛋孵化率

出雏数占受精蛋数的百分比。受精蛋孵化率（%）=(出雏数/受精蛋数)×100%。

四、肉蛋品质测定

1. 肉品质测定

特禽肉品质测定部位为胸肌。

（1）剪切力 待测肉样沿肌纤维方向修成宽1.0cm、厚0.5cm长条肉样（无筋腱、脂肪、肌膜），用肌肉嫩度仪测定剪切力值，剪切时刀具垂直于肉样的肌纤维走向，每个肉样剪切3次，计算平均数。

（2）pH 取屠宰后2h内新鲜胸肌，采用胴体肉质pH直测仪直接插入肌肉中测定。每个肉样剪切3次，计算平均数。

（3）滴水损失 屠宰后2h内测定，切取一块胸大肌，准确称重；然后用铁丝钩住肉块一端，使肌纤维垂直向下，悬挂在塑料袋中（肉样不得与塑料袋壁接触），扎紧袋口，吊挂于冰箱内，在4℃条件下保持24h；取出肉块，称重；计算重量减少的百分比。滴水损失（%）=[(新鲜肉样重-吊挂后肉样重)/新鲜肉样重]×100%。

（4）肉色 肉样选取3个不同位点进行测定。利用全自动色差计紧贴肉样表面测定肌肉红度值、黄度值、亮度值。

2. 蛋品质测定

（1）蛋重 随机收集当日所产蛋，用电子天平（精确到0.1g）逐枚称取，求平均数；群体记录连续称3d产蛋总重，求平均数。

（2）蛋形指数 用游标卡尺测量蛋的纵径和横径（精确度为0.01mm）。蛋形指数=纵径/横径。或者使用蛋形指数仪测定。

（3）蛋壳强度 用蛋壳强度测定仪测定。将蛋垂直放在蛋壳强度测定仪上，钝端向上，测定蛋壳表面单位面积上承受的压力。单位：kg/cm^2 或 N/cm^2。

（4）蛋壳厚度 用蛋壳厚度测定仪或游标卡尺测定，分别取钝端、中部和锐端的蛋壳剔除内壳膜后，测量厚度，求其平均数（精确到0.01mm），单位：mm。

（5）蛋黄色泽 按罗氏蛋黄比色扇的15个蛋黄色泽等级，统计各级的数量与百分比。

（6）蛋壳颜色 以蛋壳颜色仪进行测定，方法同肉色。

（7）浓蛋白高度和哈氏单位 测量破壳后蛋黄边缘与浓蛋白边缘中点的浓蛋白高度（避开系带），测量呈正三角形的3个点，取平均数。哈氏单位 $=100\times\log(H-1.7\times W^{0.37}+7.57)$，其中，H：以毫米为单位测定的浓蛋白高度值；W：以克为单位测定的蛋重值。

（8）蛋黄比率 蛋黄比率（%）=蛋黄重/蛋重×100%。

（9）血斑和肉斑率 统计含有血斑和肉斑蛋的百分比。血斑和肉斑率（%）=[（带血斑蛋数+带肉斑蛋数）/测定总蛋数]×100%。

第七章

特种畜禽产品加工

第一节　鹿产品的加工

一、鹿茸的加工

1. 排血茸加工

(1) 加工程序　鲜茸称重→编号→测尺→洗刷→破伤茸处理→上夹固定→第一次煮炸（第一排水、第二排水）、烘烤、风干→第二次水煮（回水）、烘烤、风干→第三次水煮（回水）、烘烤、风干→第四次水煮（回水）、烘烤、风干→煮头、烘烤、风干→质检→包装→贮藏→出厂。

(2) 排血　采用真空泵减压排血、注气加压排血、离心排血等方法，当锯口排出血沫时停止排血。

(3) 瘀血处理　若鹿茸有瘀血，首先将鹿茸在40~50℃温水中浸泡10~20min，然后用50℃的毛巾热敷，如此反复直至瘀血散开，皮下出血可用注射器抽出。

(4) 茸皮破损处理　先用洁净温水洗净创面，修整茸皮，水煮前在破损处涂上新鲜鸡蛋清面糊后水煮。

(5) 上夹固定　用茸夹将鹿茸夹住，固定后水煮。

(6) 水煮　对鹿茸采取多次反复、间歇式水煮。鹿茸水煮深度因水煮次数的不同而相应变化，水煮时锯口朝上，第一至二次水煮，锯口露出水面0.5cm；第三至四次水煮，煮茸的上部1/2处；第五至六次水煮，煮茸的上部1/3处；第七至八次水煮，只煮茸的尖部。水煮时锯口与水面平行，并在水中不断摆动，撞水、带水，锯口勿浸入水中。

(7) 烘烤　鹿茸经1~4次水煮后应冷凉1~2h后再烘烤，在70~75℃的温度下，每天烘烤1次，烘烤时间开始为2h，以后烘烤时间逐渐降低，鹿茸的大小不同，烘烤天数不同。鹿茸烘烤前先将其预热至烘烤要求的温度后方可入箱烘烤，烘烤过程中应经常检查，发现鼓皮时应立即针刺排气排液，鹿茸锯口应朝下立放，锯口距离热源3~5cm。观察鹿茸表面是否布满“汗珠”，如果茸体布满“汗珠”说明已经达到烘烤要求。

(8) 回水　第一至三次回水，回水要每天进行，第四次水及以后隔天或隔数天进行，煮至茸头有弹性为止。

(9) 风干　鹿茸经水煮、烘烤后都应送风干室自然风干20~50d。

2. 带血茸加工

(1) 加工程序 鹿茸→编号、称重、测尺、登记→刷洗→破伤茸处理→上夹固定→第一次煮炸（第一排水、第二排水）、烘烤、风干→第二次水煮（回水）、烘烤、风干→第三次水煮（回水）、烘烤、风干→第四次水煮（回水）、烘烤、风干→煮头、烘烤、风干→质检→包装→贮藏→出厂。

(2) 水煮 将准备好的鹿茸反复浸入沸水中（锯口不沾水），水煮 6~8 次，每次入水 30~40s，擦干，冷凉 1~2h。

(3) 烘烤 第一次烘烤，将鹿茸锯口朝下立放在 70~75℃的烘箱中烘烤 2~3h，取出鹿茸擦净茸表污秽物，送风干室立放冷凉 1~2h。第二次烘烤，将冷凉后的鹿茸按第一次烘烤温度和时间继续烘烤，烘烤结束后擦净鹿茸表面的油污，送风干室风干；第二至五天在烘烤前水煮 3~5 次，每次水煮 60~90s，冷凉后放入烘箱，每天按第一次烘烤的方法烘烤 1 次；第六天以后，隔天或隔几天水煮茸头后进行烘烤，烘烤温度为 70~75℃，烘烤时间为 1~2h，取出擦净茸皮上的油污，送风干室风干，直至茸内含水量为 25%~30%时停止烘烤。

(4) 回水 煮头经过烘烤后，应回水煮头，每次煮炸茸头 30~50s，煮炸 5~8 次，直到茸头有弹性为止。

二、其他鹿产品的加工

1. 鹿鞭

从公鹿躯体的坐骨弓处切断，取出阴茎，划开阴囊取出一对睾丸，将阴茎龟头部带毛囊皮留 1cm 左右，去掉阴茎上的残肉和筋膜，洗净，再将阴茎拉长至 25~40cm，连同一对睾丸将其两端用钉固定在木板上，放在通风阴凉处，自然风干，或烘箱 50~60℃烘干。

2. 鹿血

活体采取鹿血，采出的鹿血凝固后切成 1cm×(2~3)cm 的小块，连同血清放在平板光滑的器皿内，在阳光下自然晒干，或在烘箱中干燥，或在-70℃的条件下冷冻干燥，或在 4℃的条件下低温干燥。然后粉碎过筛（80~100 目，孔径为 150~180μm）成粉，包装。

3. 鹿尾

(1) 取尾 在鹿躯体荐椎和尾椎相接处割下鹿尾，去掉残肉、脂肪和第一尾椎骨。

(2) 脱毛 将取下的鹿尾浸入热水中浸泡 30~50s，或用热水浇烫至能刮掉尾毛，然后将断面用棉线缝合或用夹子夹住。

(3) 干燥 将修整好的鹿尾放在 50~60℃烘箱中烘干，也可阴干，但要注意防止腐烂变质或虫蛀。

4. 鹿胎膏

(1) 煎煮 将鹿胎用 80~90℃的热水浇烫并除去胎毛后，放入锅内加 15kg 左右洁净水煎煮，煮至鹿胎骨肉分离时将鹿胎肉、鹿胎骨滤出，过滤胎浆，胎浆低温保存备用。

(2) 制粉 将鹿胎肉、鹿胎骨用文火焙炒或放入烘箱 80℃烘干，至酥黄色时粉碎，过筛（80~100 目）成粉。

(3) 熬膏 先将煮胎的胎浆入锅煮沸，鹿胎粉与红糖按 1∶（0.5~0.8）的比例混合，或配入中药，加入煮沸的胎浆中搅拌均匀，然后用文火煎熬浓缩，当熬至黏稠成牵缕状可出

锅，放入涂有少许植物油的瓷盘内冷凉，待彻底冷凉后切块、整形、包装。

5. 鹿筋

（1）剔取前肢筋腿　将鹿躯体的掌骨后侧骨与筋腱挑开，挑至跗蹄以下自蹄踵处切断，跗蹄及籽骨留在筋上，沿筋槽向上挑至腕骨上端筋膜终止处切下。

（2）剔取后肢筋腿　从跖骨后与肌腱中间挑开至跗蹄，再由蹄踵处割断，蹄和籽骨留在筋上，沿筋槽向上通过跟骨、胫骨于筋膜终止处割下。后肢前面从跖骨后与肌腱中间挑开至蹄踵，留一块2~4cm的皮割断，再向上剔至跖骨上端到跗关节以上切开肌肉，至筋膜终止处割下。

（3）鹿筋整形　先将割下的筋腱用洁净水洗净，用刀沿筋膜走向逐层刮净肌肉，再用洁净水浸泡2~3d，应多次换水，然后把四肢8根主筋拉直，将剩余的小块筋膜贴附在8根筋上，使之尽量保持粗细均匀、光滑，放在阴凉通风处风干，或放在50~60℃烘箱中烘干。

6. 鹿脱盘

将自然脱落的鹿脱盘收集起来，用温水浸泡1~2h，用刷子刷净污垢，风干备用。

第二节　毛皮动物皮张的初加工

一、水貂皮张的初加工

水貂毛皮成熟通常在小雪到大雪（11月下旬~12月上旬）前后，但具体成熟时间受环境、营养、品种、性别、年龄等条件影响，营养水平高，毛皮成熟早；高纬度地区比低纬度地区成熟早，受此影响，皮张成熟时间从早到晚依次是黑龙江、吉林、辽宁、山东。例如，大连地区的貂皮在11月下旬~12月上旬成熟；老貂比仔貂早，母貂比公貂早；不同色型也有一定差别，通常彩貂毛皮成熟较标准貂早。因此，具体打皮时间要根据毛皮检验判断成熟程度确定。

水貂皮张加工的流程为：处死→剥皮→刮油去肉→洗皮→上楦→干燥。

1. 处死

根据动物福利要求，将水貂处死时要减少动物的痛苦，禁止野蛮屠宰和活剥皮，并且不损伤皮肤及毛被，不瘀血，不污染毛被和环境。

目前，水貂处死广泛采用的方法是一氧化碳（CO）和二氧化碳（CO_2）窒息法，该方法主要利用汽车尾气中一氧化碳、二氧化碳、碳氢化合物、氮氧化合物、铅及硫氧化合物等，可以迅速使动物缺氧、中毒死亡。在死亡过程中没有明显的痛苦挣扎反应，达到了安乐死的目的。

2. 剥皮

（1）剪断前爪和后爪　由于前、后爪在毛皮上没有用途且影响剥离四肢和刮油，因此应该剪除，通常用剪刀在腕关节处剪断前爪。

（2）挑裆和三角区　挑后裆是剥皮的重要步骤。将左、右后爪固定，用挑刀或激光刀从掌部下刀，沿着背腹毛的分界线通过三角区前缘挑到对侧。肛门及母貂外阴称三角区。用挑刀或激光刀从尾根分别沿三角区两侧挑到后裆线，使三角区和皮肤分离。这两步切割十分重要，将决定最终皮张的面积，也为之后能够顺利完成整个剥皮过程做好准备。现在，所有的切割都由机器完成，饲养人员只需要知道如何将水貂的尸体放在机器上才能够让机器完成最好的切割。

（3）剥离后肢和尾骨 将大腿皮肤与肉分离，用力快速猛拉，即可将后肢皮剥下。将尾根固定于尾叉上，用刀或机器沿尾部切开，便可抽出尾骨。抽出尾骨的尾是管状的，从尾的腹面挑开至尾尖即可。

（4）剥离前肢及头部 后肢切割完成后，将前肢和头部的皮张从身体上剥离。当剥离到耳朵部位时，要用刀进行切割，避免用力过大形成空洞。然后要对眼睛、嘴唇和鼻子部位进行切割，考虑到随后的拉伸工作，要尽可能不对嘴唇和鼻子造成损伤。

3. 刮油去肉

刮油去肉就是将皮下脂肪、肌肉及结缔组织去掉。刮油的好坏将决定是否能长时间地保存及保存的效果。如果脂肪残留在皮板上，将有氧化（脂肪因氧化而腐烂）和脂肪泄漏的风险。这些问题都会影响皮张的价值，并且不利于之后的硝染工作。当进行硝染时，皮板面会迅速染污，形成氧化的补丁状结构。一般在脖子、肩部和前腿下部易残留脂肪。

4. 洗皮

洗皮是通过滚筒清洗皮板和毛被上的油污，使皮板清洁，毛绒洁净、灵活、光亮。从处死车内取出水貂尸体后应立即检查皮张的损伤情况，挑出无光泽、弄脏的毛皮。如果有类似皮张，要立即进行清洗。清洗不能弥补所有的缺陷，但能使它们最小化。

5. 上楦

上楦是将皮板套于易脱板上，经过适当拉伸、固定的过程。洗皮后要及时上楦和干燥，其目的是使原料按商品规格要求整形，防止干燥时因收缩和褶皱而造成毛皮干燥不均、发霉、压折、掉毛和裂痕等损伤。上楦时要注意性别，分别用公、母貂专用易脱板上楦。

6. 干燥

鲜皮含水量很高，易腐烂或闷板，故须采用一定方法进行干燥处理。以前的干燥系统，多用气体向着皮张的底部进行吹风。干燥室内的温度为18~20℃，相对湿度为55%。公貂皮干燥时间为3.5~4d，母貂皮为2.5~3d。

二、狐皮张的初加工

孤皮张的洗皮、上楦和干燥方法同水貂皮张的处理方法。

1. 影响狐皮质量的因素

（1）季节影响

1）冬皮。针毛长而稠密，光泽油润，绒毛丰厚而灵活，毛峰平齐，尾毛粗大，皮板薄韧，有油性，呈白色。

2）秋皮。早秋皮针毛粗短，颜色深暗，光泽弱，绒毛稀短，尾根细，皮板呈青黄色。晚秋皮毛绒略粗短，光泽较弱，背部和后颈部毛绒空短，臀部皮板呈青灰色。

3）春皮。早春皮毛长显软而略弯，光泽较差，底绒有黏合现象，皮板微显红色。晚春皮针毛枯燥，毛峰带勾，底绒稀疏，黏合现象严重。

4）夏皮。针毛长，稀疏而粗糙（手感带沙性），光泽差，绒毛极少。皮板发硬而脆弱，无油性。

（2）自然伤残

1）疮皮。皮板上有生疮的创痕。有轻有重，重疮皮板呈凹凸形状或有较大的皱纹形状，毛绒脱落。

2）缠结皮。重者毛绒基部大块缠结，梳后毛绒空疏，损伤针毛。视缠结轻重和面积大小酌情定级。

3）毛峰勾曲。又称勾针，毛峰呈现钩形的毛尖，勾曲重者按等外处理。

4）缺针。摩擦毛针，形成一块缺毛峰的状态。根据磨折毛峰的面积大小酌情降级。

5）秃裆。有尿湿症或笼舍潮湿，致使腹部、后裆部没有毛峰，底绒也稀疏。

6）塌脖、塌背。颈部毛绒较稀短，呈沟形；背脊部正中毛绒稀短，呈凹陷状。轻微的降一级。

7）食毛伤。轻者将身上部分毛绒吃秃，呈现一片片秃毛状态。

8）夏毛。一级皮质量，但眼、鼻周围捎带夏毛的按二级皮收购。

（3）人为伤残　初步加工时造成的缺陷和伤残，如刀伤、破洞、开裆不正、脱针飞绒、缺腿、缺鼻、缺耳、缺尾和非季节皮等。

1）刮透毛。在刮油时，用力过猛使皮板的网状层和毛囊遭到破坏，毛根在板面上露出。重者无制裘价值。

2）皱缩毛。鲜皮上楦时没有展平，影响皮张的自然形状，皱缩处的皮板不宜晾干，容易受闷脱毛，降低制裘价值。

3）受闷脱毛。鲜皮干燥不及时或方法不当，在酶的自溶和细菌的腐败作用下，皮板中的一部分胶原纤维被分解，损伤了毛囊，致使毛绒脱落。当鞣制浸水时，伤残面积扩大，受闷处的毛绒脱落，轻者局部掉毛，重者失去使用价值。

4）虫蚀。在贮存过程中，由于未及时采取防虫措施，将皮板蛀成孔洞或在皮板上蛀成凸凹不平的小沟，或出现短毛现象。

2. 狐皮张质量鉴定

（1）狐皮质量鉴定　有仪器测定和感官鉴定两种方法。毛的长度、细度、密度，皮板厚度、伸长率、崩裂强度、撕裂强度等可通过仪器进行测定。目前普遍用感官鉴定法，通过看、摸、吹、闻等手段，凭实践经验，按收购标准进行毛皮质量鉴定。此法误差较大，尤其是初学者采用此法易产生片面性。

1）看。看毛皮的产地、取皮季节、毛色、毛绒伤残和缺损等。

2）摸。用手触摸、拉扯、摸捻，了解毛皮板质是否足壮，以及瘦弱程度和毛绒的疏密柔软程度。

3）吹。检查毛绒的分散或复原程度和绒毛生长情况及色泽。

4）闻。狐皮贮存不当，出现腐烂变质时，有一种腐烂的臭味。

（2）检验毛绒品质　将狐皮放在检验台上，先用左手轻轻握住皮的后臀部，再用右手握住皮的吻鼻部，上下轻轻抖动，同时观察毛绒品质。细看耳根处有无掉毛，检验时要求毛绒必须恢复自然状态。毛绒品质主要是看毛绒的丰厚、灵活程度，毛绒的颜色和光泽，毛峰是否平齐，有无伤残及尾巴的形状、大小。

毛绒品质的优劣，通常有以下 3 种表现。

1）毛足绒厚。毛绒长密，蓬松灵活，轻抖即晃，口吹即散，并能迅速复原。毛峰平齐无塌陷，色泽光润，尾粗大，底绒足。

2）毛绒略空疏或略短薄。毛绒略短，手抖时显平伏，欠灵活，光泽较弱，中背线或颈部的毛略显塌陷。尾巴略短、较小；或针毛长而手感略空疏，绒毛发黏。

3）毛绒空疏或短薄。针毛粗短或长而枯涩，颜色深暗，光泽差，多趴伏在皮板上。绒毛短稀或绒毛长而稀少，黏合现象明显，手感空薄，尾巴较细。

一般特征表现是皮板薄或略厚，但柔韧细致，有油性；板面多呈白色或灰青色。板质瘦弱的特征是皮板过薄，枯燥无油性，弹性差，用手轻揉常发出“哗啦哗啦”的响声。

3. 狐皮验质分级方法

狐皮验质分级应在灯光下进行，在距验质案板上面 70cm 高处设 2 根 80W 的日光灯管，案板最好是浅蓝色的。皮张的等级尺码规定是对统一楦板而言的，若不符合统一楦板规格的规定一律降级处理；受闷脱毛、开片皮、焦板皮、白底绒、灰白底绒、花色毛污染、塌脖、塌脊和毛峰勾曲较重者，以及毛绒空疏，按等外皮处理；开裆不正，缺材破耳、破鼻，不符合皮形标准的，刮油、洗皮不净，非季节皮，缠结毛酌情定级；彩狐皮要求毛色符合本色型标准，不带老毛，对不具备彩狐标准的所谓彩狐皮按次皮收购，对杂花色皮按等外定级。

（1）银黑狐皮

1）加工要求。宰剥适当，皮形完整，头、耳、腿齐全，抽出尾骨，除净油脂，按标准加工风干，呈开后裆毛朝外的圆筒皮。

2）等级规格。

① 一等皮。毛色深黑，银毛从颈部至臀部分布均匀，色泽光润，底绒丰足，毛峰平齐，皮张完整，板质优良，不带任何伤残，皮张面积在 2110cm^2 以上。

② 二等皮。毛色较暗黑或略褐，银毛分布均匀，毛绒略短，针毛齐全，但有轻微塌脖或臀部针毛略摩擦。刀伤、破洞不得超过 2 处，其刀伤总长度不得超过 10cm，破洞总面积不超过 4.4cm^2，皮张面积在 1889cm^2 以上。

③ 三等皮。毛色暗褐缺光润，银毛分布不甚均匀，绒短略薄，中脊部略带粗针，板质薄弱，皮张完整。刀伤破洞不得超过 3 处，刀伤总长度不得超过 15cm，破洞总面积不得超过 6.7cm^2，皮张面积在 1500cm^2 以上。

杂花皮以质论价。目前，国外把银黑狐皮的颜色分为 5 个色差。银黑狐皮的色差与银毛率有关，见表 7-1。银毛率以 3/4（中色）和 5/6（浅色）为主，在市场上以 3/4 银毛率（中色）为佳，属于标准型银黑狐皮。

表 7-1 银黑狐皮的银毛率与色型

银毛率（%）	色型	银毛率（%）	色型
25（1/4）	深黑色（X Dark）	83.3（5/6）	浅色（Pale）
50（1/2）	黑色（Dark）	100（1/1）	较浅色（X Pale）
75（3/4）	中色（Medium）		

（2）北极狐皮

1）加工要求。宰剥适当，皮形完整，头、耳、腿齐全，抽出尾骨，除净油脂，按标准加工风干，呈开后裆毛朝外的圆筒皮。

2）等级规格。

① 一等皮。毛色灰蓝光润，毛绒细软稠密，毛峰平齐，皮张完整，板质优良，皮板不带任何伤残，皮张面积在 2110cm^2 以上。

② 二等皮。毛色灰蓝或略褐，有光泽，毛绒较短，毛峰齐全，皮张完整，板质优良，刀伤破洞面积不超过 2 处，其刀伤总长度不得超过 10cm；或破洞面积不得超过 3 处，其刀伤总长度不得超过 15cm；或破洞总面积不得超过 6.7cm^2，皮张面积在 1500cm^2 以上。

③ 三等皮。毛绒空疏或短薄，针毛齐全，具有一、二等级皮毛质、板质，可带下列伤残之一：一是臀部针毛擦尖较重；二是两肋针毛擦尖较重；三是中脊针毛擦尖；四是有较重的塌脖、塌背状况。

毛绒缠结者以质论价。不符合等内要求的皮张为等外皮。

3）狐皮尺寸。根据尺码比差，以质论价，尺码、长度与尺码比差见表 7-2。

表 7-2 尺码、长度与尺码比差

尺码	3	2	1	0	00	000
长度/cm	<79	<88	<97	<106	<115	>116
尺码比差① (%)	80	90	100	110	120	130

① 指某规格产品的利用价值或售价与 1 号皮（作为 100%）做比较上下浮动的百分比。

（3）赤狐皮

1）加工要求。皮形完整，头、腿、尾齐全，抽出尾骨、腿骨，除净油脂，开后裆，毛朝外，圆筒晾干。

2）等级规格。

① 特等皮。具有一等皮毛质、板质，面积达 2222cm^2 以上。

② 一等皮。毛绒丰足，针毛齐全，色泽光润，板质良好。

③ 二等皮。毛绒空疏或略短薄，针毛齐全。具有一等皮毛质、板质，可略有臀部针毛摩擦（即蹲裆）；两肋针毛略擦尖（即拉撒），轻微塌脊。

④ 三等皮。毛绒空疏或略短薄，针毛齐全。具有一、二等皮毛质、板质，可有臀部针毛摩擦较重；中脊针毛擦尖；严重塌脖。

不符合等内要求的均为等外皮。

3）等级比差。特等皮 120%，一等皮 100%，二等皮 80%，三等皮 60%，等外皮 40%以下，按质论价。

三、貉皮张的初加工

1. 皮张初加工步骤

要使鲜皮达到商品规定要求，必须适时、正确地进行初步加工。鲜皮初步加工有以下 4 个步骤。

(1) 刮油 鲜皮皮板上附着油脂、血迹和残肉等，均不利于对原料皮的晾晒、保管，易使皮板假干、油渍和透油，因而影响鞣制和染色，所以必须除掉，这道工序称为刮油。刮油应在皮板干燥以前进行，可用光滑的圆形刮油棒（直径为7~10cm）衬垫于皮筒内，用钝刀由后向前进行刮油。为了避免因透毛、刮破、刀洞等伤残而降低皮张等级，必须注意以下几点：刮油用力要均匀，避免刮伤真皮层；需将皮板撑平，勿使其有皱褶，以免把皮刮破；头部皮板上的肌肉用刀不易刮净，可用剪刀将肌肉剪除；持刀要轻快、平稳，要随时用锯末或麦麸擦手，以防浮油污染被毛。大型养殖场可用刮油机刮油。

(2) 洗皮 经刮油的貉皮，要用锯末或麦麸反复多次地搓洗，除掉皮板和毛被上的浮油、血污及灰尘等污物，这个过程叫洗皮。洗皮时将锯末或麦麸均匀揉搓在皮板或毛绒上，待其吸附残油或污物后，再将锯末或麦麸抖掉，或用小木棍敲打，直至使毛绒蓬松、灵活、清洁，显示固有的颜色和光泽。严禁用有树脂的锯末洗皮，以免影响洗皮质量。另外，洗皮用的锯末或麦麸一律要过筛，筛去过细的锯末或麦麸，因为太细的锯末或麦麸易存留在皮板或毛绒里，影响毛皮质量。

需大量洗皮时，可采取转鼓洗皮。将皮板朝外放进装有锯末的转鼓里，转几分钟后将皮取出，翻皮筒，使毛朝外，再次放进转鼓里洗皮。为了抖掉锯末和尘屑，再将洗完后的毛皮放进转笼里转。转鼓和转笼的速度要控制在18~20r/min，运转5~10min即可洗好。

(3) 上楦 洗皮后要及时上楦和干燥。上楦是为了使貉皮保持一定的幅度和形状，从而符合商品要求，防止干燥时因收缩和折叠而造成发霉、压折、掉毛和裂痕等损伤毛皮。洗好的毛皮必须在国际统一规格的楦板上干燥。上楦用的楦板对于公、母貉都是一致的。上楦的方法是将头部固定在楦板上，先拉两前腿调正，并把两前腿顺着腿筒翻入胸内侧，使露出的腿口与腹部毛平齐，然后翻转楦板，使皮张背面向上，拉两耳，摆正头部，使头部尽量伸展，最后拉臀部，加以固定。用两拇指从尾根部开始依次横拉尾的皮面，折成许多横的皱褶，直至尾尖。使尾变成原来的2/3或1/2，或者再短些，尽量将尾部拉宽。尾及皮张边缘用图钉固定。也可以一次性毛朝外上楦，也可先毛朝里上楦，干至六七成再翻过来，毛朝外上楦至毛干燥。

(4) 干燥 鲜皮含水量很大，易腐烂或闷板，因此必须采取一定方法进行干燥处理。貉皮多采取风干机给风干燥法，将上好楦板的皮张，分层放置于风干机的吹风烘干架上，将貉皮嘴套入风气嘴，让空气进入皮筒即可。干燥室的温度为20~25℃，湿度为55%~65%，每分钟每个气嘴喷出空气0.29~0.36m^3，24h左右即可风干。小型养殖场或专业户可采取提高室温、通风的自然干燥法。

干燥皮张时切忌高温或强烈日光照射，更不能让皮张靠近热源，如火炉等，以免皮板胶化而影响鞣制和利用价值。如果干燥不及时，会出现闷板脱毛现象，使皮张质量严重下降，甚至失去使用价值。防止闷板脱毛的方法是：先毛朝里、皮板朝外上楦干燥，待干至五六成时，再将毛面翻出，变成皮板朝里、毛朝外干燥。注意翻板要及时，否则将影响毛皮的美观程度。

2. 貉皮张质量鉴定

(1) 鉴定方法 貉皮张的质量鉴定在自然光照充足、阳光不直射的室内进行。以同一品种、同一产地、同一规格的皮张组成一个检验批次，逐张进行检验。

1）毛绒检验。将皮平放于操作台上，一手按住皮的臀部，另一手捏住皮的头部，上下

抖拍，使毛绒恢复自然状态。先看颈背部，后看腹部的毛绒是否丰足、平齐、灵活、光润及毛绒颜色，有无蹲裆、刺脖等伤残。毛皮的美观与否，主要由毛被的密度、细度、长度、光度、弹性、颜色等来决定。密度是单位面积上毛的数量，决定毛被的外观保暖性及耐用性，一般密度大的毛皮品质较好；细度是指毛的粗细，即指横截面大小，关系到毛被弹性、柔软度，一般要求针毛粗，绒毛细，既保持良好弹性，又显得灵活、柔顺；长度代表毛被的厚度，毛绒长则厚，短则薄，一般厚毛皮保暖性较好，品质较高；光度是毛被光泽程度的指标，实际上是毛被对光的反射能力，皮要求光泽好，毛皮赏心悦目；弹性主要由针毛决定，弹性好，则毛被易在受挤压揉以后恢复原状，保持柔顺的外观，品质自然较好；最后，颜色关系到外观美，一般高质量的貉皮要求颜色正常，呈青灰色或略带黄色，不要出现太多杂色。

2）皮板检验。看皮型是否完整，脂肪是否去净，有无油烧板等伤残。用手感觉皮板的厚薄，从板面颜色看季节特征和是否为陈皮。厚度直接影响皮毛的保暖性，依取皮季节、加工工艺及成熟度而异，一般要求貉皮的皮板厚度适中，以手感稍感沉重为宜，皮板强度越大，质量越高。第一，要没有破损、坏斑；第二，要有较强韧性；第三，要没有厚薄不均或过分干硬等现象。标准皮形钉板要求四肢对称展开，头部摆正，除四个蹄爪及耳、生殖器等可以切除以外，其他部位应完整保留。对于筒状晾干的楦板，不但要求各部分完整保留，而且要皮形端正、对称，不能有半点斜歪等。

（2）貉皮的测量　一般皮张面积越大，出售价格也会越高。貉皮面积不得太小，否则难以加工利用，严重降低其商品价值。貉皮的测量用精度为 1mm 的钢板尺或钢卷尺进行。

1）皮张长度测量。将皮平放于操作台上，用量尺测量从鼻尖至尾根的长度。

2）皮张面积测量。从貉皮的鼻尖量至尾根作为皮的长度，再量取腰间适当部位为宽度，相乘为面积大小。

3）伤残面积测量。将皮张平放于操作台上，用量尺量出伤残的长度、宽度，长宽相乘计算面积。

4）貉皮的等级划分。貉皮分级见表 7-3。

表 7-3　貉皮分级

等级	品质要求
一级	正季节皮，皮形完整，毛绒丰足，针毛齐全，绒毛清晰，色泽光润，板质良好，无伤残
二级	正季节皮，皮形完整，毛绒齐全，绒毛清晰，板质良好，无伤残。或具有一级皮质，带有下列伤残之一： 下颚和腹部毛绒空疏，两肋或后臀部略显擦伤、擦针 自咬伤，疮疤和破洞，面积不超过 $13.0cm^2$ 破口长度不超过 7.6cm 轻微流针飞绒 撑拉过火者
三级	毛绒空疏或短薄，带一级皮伤残或具有一级、二级皮毛质、板质，破洞总面积不超过 $56cm^2$
等外	不符合一级、二级、三级要求的皮张

（3）貉皮颜色比差 貉皮颜色比差见表7-4。

表7-4 貉皮颜色比差

绒毛颜色	针毛尖颜色	比差（%）
青灰色	黑色	100
黄褐色	褐色	90
白灰色	灰白色	60
白色	黄白色	30

（4）貉皮的长度分级 貉皮按长度分为6个等级，见表7-5。

表7-5 貉皮长度分级

尺码	00	0	1	2	3	4
长度（L）/cm	L≥106	97≤L<106	88≤L<97	79≤L<88	70≤L<79	L<70

第三节 特禽产品的加工

一、肉产品加工

特禽肉均为初加工产品，主要以活体屠宰后，可冷藏或鲜食。

1. 屠宰

屠宰前要经过严格的检疫，做到病健分离。

（1）待宰禽的饲养 经兽医检验合格，按批次、体重及强弱等情况分群饲养。对瘦弱的个体采用直线肥育或强化肥育的饲养方式，以在短期内迅速增重、长膘，改善肉质。

（2）供给充足饮水 宰前需断食，但不能断水。如果宰前出现消化不良，应在饮水中添加适量的轻泻药，以助排泄。

（3）宰前休息 运输时因环境的改变和受到惊恐等外界刺激，易使禽类宰后肉的腐败加速和影响皮的品质。因此运输到屠宰场后，待宰禽需休息1d以上，消除疲劳，以提高产品质量。

（4）宰前断食 屠宰前管理的一个重要环节是断食管理，即在屠宰前的一段时间内停止喂食。断食管理时间的长短与饲料的性质、屠宰加工的方法及断食前最后一次的饲喂量有关。一般喂干粉料或浸泡不充分的粒料比喂软饲料或青饲料的断食时间要长些；加工不净膛或半净膛比加工全净膛的断食时间要长些；断食前嗉囊积食多的要比积食少的断食时间长，经过12~14h即可达到断食的目的。

（5）宰前检查 指加工厂在屠宰前对活体进行的检疫，是屠宰加工过程中的一个重要环节。为了剔除有病个体，控制疫病扩散，减少死亡，提高产品的质量和企业的经济效益，除了在收购、运输和入厂等环节要进行严格检疫外，在屠宰前也要做好检疫工作。

屠宰前的检查以群体检测为主，辅以个体检查，必要时进行实验室检测。群体检测是在动态和静态条件下观察其精神状况、体表羽毛、粪便状况和食欲等，发现可疑个体要立即做个体检查。个体检查主要观察体表皮肤、口腔黏膜和泄殖腔黏膜的色泽和表面状况、分泌物状况、呼吸状况、神经症状、嗉囊积食情况及体温等，对疾病做出诊断，无法确定的个体要做病理解剖或微生物检验。经宰前检查合格的个体才准许屠宰。确认为患有传染病或疑似传染病的个体要立即送往急宰间或无害化处理场，按卫生检疫规程处理。

2. 屠宰加工

屠宰加工是进一步深加工和产品开发利用的前期处理，也叫初加工。加工程序为：宰杀→浸烫→脱羽→净膛。

二、蛋产品加工

目前，国内市场特禽蛋产品以鲜蛋为主，蛋制品还未得到有效开发利用。

三、其他产品加工

1. 皮制品

主要是鸵鸟和鸸鹋皮制品。鸵鸟皮质柔韧，弹性好，耐用，透气性好，并有整齐的毛孔图案，是高档的皮革用品原料，纯鸵鸟皮制造的鞋类属高级皮制品。鸵鸟皮中含有天然油脂，能抵御龟裂、变硬及干燥，使其保持柔软而坚牢，其耐用度为牛皮的5倍。鸸鹋腿部皮质较厚，花纹和鳄鱼皮类似，是制作皮带、皮夹和表带的上等原材料，每只鸸鹋可产0.59~0.65m^2皮张。

2. 毛和绒制品

主要是鸵鸟、鸸鹋和绿头鸭的绒毛制品。鸵鸟全身羽毛均为绒毛，质地细致，手感柔软，保温性能好，是高档时装配料。1只鸵鸟可产0.45kg左右鸵毛。因鸵毛不产生静电作用，可用于擦拭现代电子工业和汽车工业的高级精密仪器和电脑。绿头鸭羽绒具有多、轻、净、柔、暖等特点，保温性能好，可以制作衣被的填充料，其综合利用价值较高，羽毛还可制成各种工艺品等。

3. 血制品

主要是鸸鹋血制品。鸸鹋血的蛋白质、铁、硒、维生素C和单不饱和脂肪酸含量均高于猪血，铁的含量是猪血的5倍，很适宜作为儿童、妇女等缺铁性贫血多发人群的经常性食品，辅助治疗缺铁性贫血效果比猪血更好。鸸鹋血的烹饪方法同猪血。

4. 油制品

主要是鸸鹋油制品。鸸鹋油是从皮下和腹膜后的脂肪组织中提炼出来的，主要成分为肉豆蔻酸1.2%、棕榈酸17.50%~25.11%、硬脂酸11.5%~12.2%、花生酸0.6%、油酸48.88%~62.20%、棕榈油酸3.45%、亚油酸0.50%~12.57%、亚麻酸0.29%。因其含有较多的不饱和脂肪酸、蛋白质和铁等营养素，胆固醇含量低，所以是很好的食用油。

鸸鹋油对软化皮肤角质层，平复皱纹，去除死皮有一定的功效，油中的硒和维生素C具有较好的抗氧化作用，能有效地抗弹性蛋白酶，保护真皮组织，还是天然防晒剂。可以治疗皮肤烧烫伤、擦伤等，因此在美国、澳大利亚和法国被广泛用作护肤化妆品原料。另外，鸸鹋油中的油酸对人体皮肤的渗透力和携药能力均较强，可以促进皮肤创面的愈合。鸸鹋油还具有抗炎镇痛作用，抗炎和治疗特性研究成果在美国已申请专利。研究表明，鸸鹋油可以阻止大动脉早期硬化症的形成。

5. 药材

在我国传统的中医食疗中，特禽肉还具有特殊价值，如雉鸡肉具有平喘补气、止痰化瘀、清肺止咳的功效。明朝李时珍在《本草纲目》中记载，雉鸡脑治“冻疱”、喙治“蚁瘘”等。雉鸡肉对儿童营养不良，妇女贫血、产后体虚、子宫下垂及胃痛、神经衰弱，冠心病、肺心病等，都有很好的疗效。在《本草纲目》中记载：绿头鸭肉甘凉，无毒，补中益气，平胃消食。自古以来，就有用冬虫夏草炖绿头鸭进行滋补的记载。鸵鸟鞭和骨具有很高的药用价值。医学研究认为鸵鸟的眼角膜是人类角膜的最佳替代品。

6. 观赏和工艺品

大部分特禽具有较高的观赏价值。雉鸡羽毛是加工装饰工艺品的珍贵原料，可制成生态标本，已作为高档装饰品进入普通百姓家庭。鸵鸟蛋壳具有象牙状光泽，壳厚而硬，厚度为2~3mm，可代替象牙制品进行雕刻，也可绘制成彩蛋，工艺价值颇高。鸸鹋蛋的蛋壳呈墨绿色，很受人们喜欢。

7. 其他特殊产品

家养雉鸡和鹧鸪具有一定的飞翔能力，可以作为狩猎鸟，随着市场经济的发展，狩猎开始市场化，逐渐演变为一门新兴行业。国内外已有地区结合旅游业而设有专门的狩猎场。在我国饲养番鸭少部分用于填饲生产肥肝。

第八章

特种畜禽养殖场废弃物处理

我国对病死动物的无害化处理有着明确的要求和严格的规定，按照《病死及死因不明动物处置办法（试行）》和《病死及病害动物无害化处理技术规范》进行操作处理。

第一节　特种畜禽养殖场废弃物种类和处理方法

一、废弃物种类

目前，我国梅花鹿和马鹿主要采用圈养方式，驯鹿采用散养方式，所以驯鹿场一般不存在粪污和废水处理问题。圈养梅花鹿和马鹿的养殖场主要的废弃物包括粪便、病死鹿和死胎、污水等。

毛皮动物场的废弃物包括粪便、死胎、病死尸体、污水和取皮后尸体等。毛皮动物取皮后尸体可以按照病死动物的无害化处理方法处理，但不可简单归为病死动物，取皮后尸体可作为饲料原料再利用。

特禽养殖场废弃物主要包括粪便、污水、垫草、病死尸体、残渣等。

二、废弃物处理方法

目前，我国养殖场废弃物处理方式主要有焚烧、掩埋、化制和发酵4种。

1. 焚烧

焚烧主要通过将动物尸体投入燃炉内进行灼烧，杀灭病原微生物，但容易造成空气污染，且耗费能源量大。取皮后的毛皮动物尸体虽然不同于病死动物，但取皮后尸体，特别是尸体肠道内含有大量细菌，如果取皮动物尸体处理不当，会给传染病的传播留下隐患，对环境和公共卫生安全造成潜在危害。使用垃圾焚烧炉焚烧取皮后动物尸体，能有效处理动物尸体的隐患，防止对环境和公共卫生安全产生危害。动物无害化垃圾焚烧可分为直接焚烧法和炭化焚烧法两种。

（1）直接焚烧法　直接焚烧法技术工艺的环境是富氧的，可视情况对动物尸体及相关动物产品进行破碎预处理。将动物尸体及相关动物产品或破碎产物，投至焚烧炉本体燃烧室，经充分氧化、热解，产生的高温烟气进入二燃室继续燃烧，产生的炉渣经出渣机排出。燃烧室温度应大于或等于850℃。二燃室出口烟气经余热利用系统、烟气净化系统处理后达标排放。焚烧炉渣与除尘设备收集的焚烧飞灰应分别收集、贮存和运输。焚烧炉渣按一般固体废物处理；焚烧飞灰和其他尾气净化装置收集的固体废物如果属于危险废物，则按危险废物处理。

（2）间接焚烧法 炭化焚烧法技术工艺是将动物尸体及相关动物产品投至热解炭化室，在无氧情况下经充分热解，产生的热解烟气进入燃烧（二燃）室继续燃烧，产生的固体碳化物残渣经热解炭化室排出。热解温度应大于或等于600℃，燃烧（二燃）室温度大于或等于1100℃，焚烧后烟气在1100℃以上停留时间不少于2s。烟气经过热解炭化室热能回收后，降至600℃左右进入排烟管道。烟气经过湿式冷却塔进行“急冷”和“脱酸”后进入活性炭吸附和除尘器，最后达标后排放。

2. 掩埋

掩埋主要通过将尸体直接埋于深坑内，利用地表内的微生物将其分解，处理后应对地表有效消毒，此方法容易造成周围水源和土地污染。

掩埋坑应选择地势高燥、处于下风向的地点。同时要远离学校等公共场所、居民住宅区、村庄、动物饲养和屠宰场所、饮用水源地、河流等地区。坑体容积以实际处理动物尸体及相关动物产品的数量确定。坑底应高出地下水位1.5m以上，要防渗、防漏。坑底还要撒一层厚度为2~5cm的生石灰或漂白粉等消毒药。深埋时先将动物尸体及相关动物产品投入坑内，最上层距离地表1.5m以上，然后要再次用生石灰或漂白粉等消毒药消毒，再覆一层厚度为1~1.2m的土壤。

深埋覆土不要太实，以免腐败产气造成气泡冒出和液体渗漏。深埋后，在深埋处设置警示标识。第一周应每天巡查1次，第二周起应每周巡查1次，连续巡查3个月，坑塌陷处应及时加盖覆土。深埋后，立即用氯制剂（强力消毒灵、次氯酸钠）、漂白粉或生石灰等消毒药，对深埋场所进行1次彻底消毒。第一周应每天消毒1次，第二周起应每周消毒1次，连续消毒3周以上。

进行无害化处理操作的工作人员应经过专门培训，掌握相应的动物防疫知识。在操作过程中应穿戴防护服、口罩、护目镜、胶鞋及手套等防护用具，使用专用的收集工具、包装用品、转运工具、清洗工具、消毒器材等。工作完毕后，应对一次性防护用品做销毁处理，对循环使用的防护用品做消毒处理。

3. 化制

化制主要通过将病死尸体投入高温高压容器内，使其完成固液分离，化制完成后得到肉骨粉和动物油脂，但所需成本较高，处理过程中产生废液污水，容易造成二次处理。动物尸体化制可分为干化法和湿化法两种。

（1）干化法 干化法技术工艺可视情况对动物尸体及相关动物产品进行破碎预处理。将动物尸体及相关动物产品或破碎产物送入高温高压容器。处理物中心温度大于140℃，压力大于0.5MPa（绝对压力），时间大于4h（具体处理时间随需处理动物尸体及相关动物产品或破碎产物种类和体积大小设定）。加热烘干产生的热蒸汽经废气处理系统后排出；加热烘干产生的动物尸体残渣传输至压榨系统处理。

（2）湿化法 湿化法技术工艺可视情况对动物尸体及相关动物产品进行破碎预处理。将动物尸体及相关动物产品或破碎产物送入高温高压容器，总质量不得超过容器总承受力的4/5。处理物中心温度大于135℃，压力大于0.3MPa（绝对压力），处理时间大于30min（具体处理时间随需处理动物尸体及相关动物产品或破碎产物种类和体积大小设定）。

高温高压结束后，对处理物进行初次固液分离。固体物经破碎处理后，送入烘干系统；液体部分送入油水分离系统处理。

4. 发酵

发酵主要通过将病死尸体投入加有消毒剂的无害化池内，完成自然发酵分解，达到无害化处理的目的，此方法既相对经济实用，又实现资源化利用。但是发酵产生的有害气体对环境有影响，发酵池渗漏还会污染环境。

发酵堆体结构形式主要分为条垛式和发酵池式。处理前，在指定场地或发酵池底铺设20cm厚的辅料。辅料上平铺动物尸体或相关动物产品，厚度小于20cm。然后再覆盖20cm厚的辅料，确保动物尸体或相关动物产品全部被覆盖。堆体厚度根据处理动物尸体和相关动物产品数量确定，一般控制在2~3m。堆肥发酵堆内部温度大于54℃，1周后翻堆，3周后完成发酵。辅料为稻糠、木屑、秸秆、玉米芯等混合物，或为在稻糠、木屑等混合物中加入特定生物制剂预发酵后的产物。

第二节　粪污处理技术

一、毛皮动物粪污处理技术

毛皮动物粪污含氮量高，经过无害化处理，能生产高价值的有机肥；未经处理直接排放则会对环境造成严重污染，对毛皮动物粪尿的无害化处理迫在眉睫。目前对毛皮动物养殖场粪便处理情况的调研较少，有报道表明水貂、蓝狐粪水超出GB 18596—2001《畜禽养殖业污染物排放标准》中粪污水允许排放的最大值。畜禽粪便的处理方法主要有沼气池发酵处理、微生物发酵生产有机肥料、太阳能温室搅拌发酵等，依据不同的生产条件可选择不同的粪便处理方式。

每只水貂平均每天排出干物质粪便25g，蓝狐和貉平均每天排出干物质粪便分别为150g和101g。以饲养规模为1万只商品貂和2500只种貂（公母比为1∶4）的水貂养殖场为例，按每年种公貂饲养10个月、种母貂饲养12个月、商品貂饲养5个月计，1年可产生干物质粪便约60t。以饲养规模为1万只商品蓝狐和2500只种狐（公母比为1∶3）的蓝狐养殖场为例，按每年种公狐饲养10个月、种母狐饲养12个月、商品狐饲养6个月计，1年可产生干物质粪便约400t。以饲养规模为1万只商品貉和2500只种貉（公母比为1∶4）为例，按每年种公貉饲养10个月、种母貉饲养12个月、商品貉饲养6个月计，貉养殖场1年产生干物质粪便约270t。

水貂粪便干物质中氮含量为1.26%，分别是猪粪、鸡粪的5.3倍和1.2倍；蓝狐粪便干物质中氮含量为1.33%，分别是猪粪、鸡粪的5.5倍和1.3倍；貉粪便干物质中氮含量为1.83%，分别是猪粪、鸡粪的7.6倍和1.8倍。

堆肥处理技术是利用微生物的发酵特性，将粪便与一定的碳源、氮源及其他营养成分按照一定的比例混合，持续高温（60~70℃）发酵，经发酵腐熟后，粪便中的臭味降低，有害微生物数量达到国家标准，从而生产有机肥。在水貂粪堆中加入乳酸菌、活性菌、秸秆等进行有氧堆肥，定期使用360°转向式翻堆机翻堆，在夏季每5d左右翻堆1次，30d左右即可达到标准腐熟指标。但因北方冬季寒冷，养殖场在冬季不对粪便进行堆肥处理。

干燥法是以脱水干燥为主要目的的粪便处理方法，经干燥法处理后的粪便营养价值高，富含粗蛋白质，可用作动物饲料添加剂，生产有机复合肥。干燥法主要包括自然干燥法、高温干燥法及机械干燥法。

沼气处理技术是利用微生物的厌氧分解作用，粪尿料经过厌氧消化过程转化为沼气。优点是处理后的最终产物恶臭味减少，产生的甲烷可以作为能源利用，并且可以将粪尿一起发酵，不需要严格地控制粪便的水分含量。缺点是处理池体积大而且只能就地处理利用。

二、其他特种畜禽粪污处理技术

1. 粪污全量还田

粪污在氧化塘内经一段时间的发酵，然后在施肥季节用于田间。氧化塘主要包括开放式好氧发酵和覆膜厌氧发酵，开放式好氧发酵因污染指数较高，目前已不再推广使用。该方法具有收集、处理和贮存设备的费用很低、粪便中有机物质含量高、养分利用率高等优点。不过，粪便的贮存周期通常长达 6 个月，占用的空间很大，需要大量的土地来建造氧化塘和贮存设施，同时还需要专门的施肥机械、农田施肥管网、搅拌设备等。此外，由于长途运输，粪便运输成本高，污染道路，因此该技术仅限于有限区域。

2. 粪便堆肥

以养殖场固体粪便为主要原料，利用高温好氧堆肥进行无害化处理，再将其用于农业生产。畜禽粪便经过长期的高温好氧发酵，产生的粪便比较干燥，可以用于销售和还田利用，这些处理方法包括条垛式堆肥、槽式堆肥、筒仓式堆肥、高（低）架发酵床、异位发酵床。该方法具有良好的好氧发酵温度、可对粪便进行无害化处理、缩短发酵时间、无异味、可生产堆肥等优点。不过，发酵过程也要有一定的基础设施和场地才能完成，一般情况下，鸡粪等废水比较少的养殖企业都会采用，如果是水泡粪等废水比较多的养殖场，就必须增加污水处理设备。

3. 粪水肥料化

该方法一般与粪污全量还田相结合，养殖场粪便经过氧化塘处理、贮存后，在施肥和灌溉过程中，将排泄物与灌溉水按照一定比例进行调配，可实现水肥一体化应用。利用氧化塘进行无害化处理，可为农田提供有机肥水，减轻城市生活垃圾对环境的污染。但不管是发酵、氧化塘、水肥一体化，都需要大量的土地来支持，同时还要修建粪便输送系统，或者购买粪便运输车，而使用这样的方法，无论是上路运输还是高额的运输成本，都成为新的问题。

4. 粪污能源化

收集畜禽粪便，建立沼气工程，通过厌氧发酵，产生沼渣、沼液、沼气，沼气可以发电或提纯生物天然气；使用沼渣生产有机肥农田；沼液可以用于农业，也可以通过深度处理达到排放标准。

5. 粪便基质化

利用畜禽粪便、蘑菇菌渣、农作物秸秆等有机物质进行堆肥。采用畜禽粪便、蘑菇菌渣、农作物秸秆为原料，生产出基质和基质土壤，用于果蔬等经济作物的种植。该方法实现农产品链零废弃、零污染的生态循环生产，建立了一套完整的有机循环农业经济系统，提高

了资源的综合利用效率。该方法生产链条较长，技术水平也比较高，培训期长，需要高素质的生产者，适合生态农业企业和生态农场。

6. 粪便燃料化

畜禽粪便经过搅拌后脱水加工，进行挤压造粒，生产生物质燃料棒。牲畜的排泄物可以作为一种环境友好的生物能源，可以代替煤炭，降低二氧化碳、二氧化硫的排放，但是粪便脱水干燥能耗较高，后期维护费用更为高昂。

第三节　污水处理技术

特种畜禽养殖场污水主要来自排出的粪污、清洗笼舍和饲喂设备用水及生活污水等，每天排放量大。目前处理污水的方法一般分为物理处理法、化学处理法和生物处理法。

一、物理处理法

主要是利用污水中各种物质的物理性质不同，采用物理方法来分离废水中的有机污染物、悬浮物及其他固体物质的过程。主要包括重力沉淀法、过滤法等。

1. 重力沉淀法

借助于沉淀池来完成沉淀，即利用污水在沉淀池中静置时较大不溶性颗粒的重力作用，将污水中的固形物沉淀后除去。沉淀池据其水流的方向可分为平流式、竖流式和辐射式。常用的平流式沉淀池其平面呈长方形，废水由一端的进水管流入池中，均匀分布在整个池子里。

2. 过滤法

使用格栅（筛）或滤网等各种过滤设备，置于废水通过的渠道中以清除废水中的悬浮物或漂浮物。

二、化学处理法

通过向污水中加入化学试剂，利用化学反应来去除废水中水溶性物质或胶体物质的一种方法。常用的有混凝法和中和法。

1. 混凝法

向废水中加入混凝剂，在混凝剂的作用下使细小的悬浮颗粒或胶粒聚集成较大的颗粒而沉淀。常用的混凝剂主要有铝盐和铁盐。

2. 中和法

利用酸碱中和反应的原理，向污水中加入酸性或碱性物质，以中和水中的碱性或酸性物质的过程。

三、生物处理法

利用微生物的代谢作用来分解废水中的有机物质，使水质达到净化的一种方法。包括生物膜法和活性污泥法。

1. 生物膜法

生物膜是废水中各种微生物在过滤材料表面大量繁殖形成的一种胶状膜，依靠生物膜上的大量微生物，在氧充足的情况下，氧化废水中的有机物质。利用生物膜来处理废水的设备有生物滤池和生物转盘等。

2. 活性污泥法

在污水中加入活性污泥，经混合均匀并曝气，使污水中的有机物被活性污泥吸附和氧化的一种废水处理方法。活性污泥是含有机物质的污水经连续通入空气后，其中好氧微生物大量繁殖形成充满微生物的絮状物，这种污泥样絮状物具有吸附和氧化污水中有机物质的能力。

第四节　病死尸体处理技术

对因烈性传染病而死的特种畜禽必须进行焚烧火化处理，对其他伤病而死的可通过焚尸炉、毁尸池、深埋或高温分解等进行处理。方式如下：

1. 焚尸炉处理

设在远离生产区的下风向处。确保焚烧安全彻底，对焚化过程中产生的灰尘和臭气，须利用除尘除臭装置去除，不得对环境造成二次污染。

2. 毁尸池处理

建在远离生产区的下风向处。毁尸池根据畜禽的种类，按照要求建设，特禽通常建成长方形，长、宽、深分别为2.5~3.6m、1.2~1.8m、1.2~1.48m。池底及四周应用钢筋混凝土建造或砖砌后抹水泥。需要做防渗处理。入口处应高出地面0.6~1.0m，平时用盖板盖严。毁尸池内须加氢氧化钠等杀菌消毒药物，放进尸体时须同时喷洒消毒药液。

3. 深埋处理

如果部分小型特禽养殖场没有建毁尸池，对非烈性传染病而死的特禽可采用深埋法进行处理。可在远离特禽养殖场的地方挖不小于2m的深坑，坑底铺撒厚2~5cm的生石灰，放入尸体后再铺撒厚2~5cm的生石灰，最后用土埋实。

4. 高温分解处理

规模较大的特种畜禽场或养殖比较集中的地区，可建立专门的病死高温处理设施或处理厂，利用高温高压蒸汽消毒机对病死尸体进行集中处理。

第九章 特种畜禽养殖场记录图表的认识与使用

第一节 鹿场记录图表的认识与使用

鹿场经营管理离不开各方各面的记录，从鹿群体结构的数量记录到场内鹿的亲缘关系记录、用药记录，都是鹿场能够长期高效运营的基础。鹿场周转记录是反映一段时间内鹿数量变化的表格，可以细化到不同年龄阶段，因何种方式引起的数量增加或者减少。同时鹿场利润的计算和饲料计划也离不开详细的统计与记录（表 9-1）。

表 9-1 鹿场周转记录 （单位：只）

类别	初存栏数	变动									末存栏数
		增加				减少					
		出生	购入	调入	小计	调出	出售	淘汰	死亡	小计	合计
成年公鹿											
成年母鹿											
育成公鹿											
育成母鹿											
公仔鹿											
母仔鹿											
合计											

鹿诊疗记录虽然不直接与鹿场效益相关，但是从长远来看，对鹿场内鹿的防病、治疗等极为重要，因此是积累鹿场管理经验的重要手段，通常由鹿场兽医进行详细的记录（表 9-2）。

表 9-2 鹿诊疗记录

鹿号		性别		年龄		诊断	
临床症状							
治疗经过							
治疗结果							
尸体剖检							
其他							
结论							

兽药、疫苗使用记录是疫病防控的重要组成，标准化的用药管理是鹿场经营的基本内容，通过对药品使用进行详细记录，可以减少因药品质量问题导致的损失，防止用药过量、用药时间过长，减少鹿产品的药物残留，因此在鹿场经营过程中，需要由专人对用药做好记录（表 9-3）。

表 9-3　兽药、疫苗使用记录

使用日期	兽药名称	批准文号	产品批号	圈舍号	个体/群体用药		使用方法	使用总量	休药期	停药日期	备注	使用人
					编号/数量	月龄						

收茸记录是鹿场经营过程中非常重要的资料，与鹿场产茸统计、鹿周转、公鹿选种、品质改良等多项工作有关，汇总收茸记录，可以得到一个鹿场头茬、二茬茸，二杠、三杈茸等的产茸情况；对每只鹿的产茸量进行排序分析，结合年龄，可以了解哪些鹿产茸能力较差需要淘汰，哪些鹿产茸能力优秀可以作为种鹿。对不同年份、世代的鹿的产茸量进行比较，可以发现鹿场在产茸性能方面是否有变化，以及变化有多大、改良效果如何（表 9-4）。

表 9-4　收茸记录

序号	鹿号	锯别	圈舍号	收茸日期		头茬鲜茸重/kg			茸型	再生收茸日期	再生鲜茸重/kg			备注
				左支	右支	左支	右支	合计			左支	右支	合计	

在鹿场经营过程中，与繁殖相关的事项可以汇总在繁殖记录中，该表除了可以反映公鹿和母鹿配种组合，还可以记录母鹿妊娠情况和产仔情况、后代鹿号、成活情况。在分析该表的基础上，可以了解母鹿的产仔能力和公鹿的配种能力。因此繁殖记录在鹿场经营过程中作用很大（表 9-5）。

表 9-5　鹿繁殖记录

测定年度：

鹿号	胎次	所在圈舍	与配公鹿	是否受胎	分娩日期	产仔数/只	公	母	是否难产	成活数/只	母性情况	是否有恶癖	备注
							鹿号	鹿号					

系谱表是反映亲子关系的表格，可由繁殖记录整理得出，是评价鹿场遗传改良进展的依据，结合产茸记录数据，可以发现哪些种鹿产茸性能较好地遗传给后代，哪些交配组合效果最佳（表 9-6）。

表 9-6　系谱表

鹿号		性别		出生年月		来源	
亲本信息							
亲本	鹿号	出生年月	来源	祖辈	鹿号	出生年月	
父亲				祖父			
				祖母			
母亲				外祖父			
				外祖母			

第二节　毛皮动物养殖场记录图表的认识与使用

一、貂场记录图表的认识与使用

为了便于随时了解整个养殖场的生产情况，掌握第一手材料，做到心中有数，必须做好相关记录。然后通过收集整理和归纳总结，了解水貂生长发育及繁殖的内在因素及相关规律，掌握生产和科研的主动权。繁殖育种方面包括育种卡、发情配种记录、配种进度、产仔记录、产仔进度、分窝记录、生产情况统计、体长和体重记录、貂群清点表等。饲养管理方面包括饲料计划、饲料单、饲料增减量表、饲料费用统计表等。疫病防疫方面包括发病记录、治疗记录、疫苗接种记录、水貂阿留申病检测结果统计表等。生产管理方面包括育种方案、配种方案、取皮方案、种群平衡方案、血检方案、疫苗接种方案、水貂皮张等级尺码统计表等。部分常用表格见表 9-7～表 9-18。种公貂、种母貂育种卡见彩图 9。

表 9-7　种母貂繁殖情况

年度	初配日期	复配次数	妊娠天数/d	产仔数/只				断乳时成活数				留种数/只		
				合计	公	母	死胎	合计/只	公/只	母/只	成活率（%）	合计	公	母

表 9-8　种貂体重登记　　（单位：g）

貂号	性别	月份											
		1	2	3	4	5	6	7	8	9	10	11	12

（续）

貂号	性别	月份											
		1	2	3	4	5	6	7	8	9	10	11	12

表 9-9　种公貂繁殖情况

笼号	父号	母号	出生日期	与配母貂	产仔数/只	备注

表 9-10　仔、幼貂体重和体长记录

母貂日龄	性别	初生		10 日龄		20 日龄		30 日龄		45 日龄		60 日龄		90 日龄	
		体重/g	体长/cm	体重/g	体长/cm	体重/g	体长/cm	体重/g	体长/cm	体重/g	体长/cm	体重/g	体长/cm	体重/g	体长/cm

表 9-11　种母貂发情配种记录

母貂号	2 月			3 月			4 月			备注
	10	11	……	1	2	……	1	2	……	

表 9-12　种公貂发情配种记录

公貂号	2 月			3 月			4 月			备注
	10	11	……	1	2	……	1	2	……	

表 9-13　产仔记录

次序	月	日	母貂号	产仔数/只				备注
				合计	公	母	死胎	

表 9-14　仔貂初选表

笼号	父号	母号	出生日期	初生窝重/g	45 日龄体重/g	备注

表 9-15　成年母貂初选表

成年母貂号	产仔时间	胎产仔数/只	产活仔数/只	分窝成活数/只	母性			备注（死亡原因等）
					优	中	差	

表 9-16　成年水貂精选表

貂号	成年体重/g	成年体长/cm	针毛长/cm				绒毛长/cm				针绒毛长度比	腹毛长度/cm	针毛细度/μm	绒毛细度/μm	毛的品质	毛的光泽	体况	健康情况	毛皮成熟
			十字部	背部1/2处	臀部	腹部1/2处	十字部	背部1/2处	臀部	腹部1/2处									

表 9-17 貂群动态记录

（单位：只）

群组别	月初数									月中增加					月中减少									月末存数								
	合计			种貂			仔、幼貂			合计	调入		出生		合计	死亡		逃跑		调出		淘汰		合计			种貂			仔、幼貂		
	总计	公	母	总计	公	母	总计	公	母		公	母	公	母		公	母	公	母	公	母	公	母	总计	公	母	总计	公	母	总计	公	母

表 9-18 生产情况统计

年初种貂数/只			配种情况					产仔情况					仔貂成活情况				幼貂成活情况						年末存栏数/只								
合计	公	母	配种公数/只	公利用率(%)	母发情数/只	受配数/只	受配率(%)	产胎数/只	产仔数/只	产仔率(%)	胎平均/只	群平均/只	成活只数/只	成活率(%)	胎平均/只	群平均/只	成活只数/只			成活率(%)	胎平均/只	群平均/只	合计			成年水貂			幼龄水貂		
																	合计	公	母				总计	公	母	总计	公	母	总计	公	母

二、狐（貉）场记录图表的认识与使用

狐（貉）场主要记录养殖场饲养、繁殖、管理等过程中的生产数据，便于掌握养殖场的整体情况，总结生产中的优势与弊端，积累养殖技术，提高工作效率和生产管理水平。主要包括管理记录、繁殖记录、生产记录等表格（表 9-19~表 9-35）。

表 9-19　种公狐（貉）登记卡

狐（貉）号		等级		入场时间		来源	
出生日期		父亲		祖父			
				祖母			
产仔数/只		母亲		外祖父			
				外祖母			
年度	配种日期		受配母狐（貉）			产仔数/只	

表 9-20　种母狐（貉）登记卡

狐（貉）号		等级		入场时间		来源	
出生日期		父亲		祖父			
				祖母			
产仔数/只		母亲		外祖父			
				外祖母			
年度	配种日期	产仔日期	产仔数/只	产活仔数/只	断乳时间	断乳成活数/只	
						公	母

表 9-21　母狐（貉）发情记录

母狐（貉）号	2月				3月				4月			
	1	2	3	……	1	2	3	……	1	2	3	……

表 9-22　狐（貉）配种记录

母狐（貉）号	第一次		第二次		第三次	
	时间	公狐（貉）号	时间	公狐（貉）号	时间	公狐（貉）号

表 9-23　母狐（貉）产仔记录

序号	母狐（貉）号	产仔日期	产仔数/只			成活数/只	
			公	母	死胎	公	母

表 9-24　体重体长测定记录

狐（貉）号	60 日龄		3 月龄		6 月龄		9 月龄		11 月龄	
	体重/g	体长/cm	体重/g	体长/cm	体重/g	体长/cm	体重/g	体长/cm	体重/g	体长/cm

表 9-25　成年公狐（貉）初选表

成年公狐（貉）号	精液品质（优、良、中）	与配母狐（貉）数/只	母狐（貉）受配率（%）	产胎率（%）	总产活仔数/只	总断乳成活数/只	备注

表 9-26　成年母狐（貉）初选表

成年母狐（貉）号	发情日期	产仔时间	胎产仔数/只	产活仔数/只	分窝成活数/只	母性（优、中、差）	备注

表 9-27　仔狐（貉）初选表

狐（貉）号	父号	母号	出生日期	60 日龄体重/g	备注

表 9-28　成年狐（貉）复选表

狐（貉）号	尾毛换毛日期	头部换毛日期	毛绒品质	体况（上、中、下）	健康状况

表 9-29　仔狐（貉）复选表

狐（貉）号	体重/g	体长/cm	健康状况（优、良）	体况（上、中、下）	尾毛换毛日期	头部换毛日期	毛绒品质（优、良）

表 9-30　狐（貉）精选表

狐（貉）号	体重/g	体长/cm	被毛颜色	背中部针毛长/cm	背中部绒毛长/cm	针绒毛长度比	背中部针毛细度/μm	背中部绒毛细度/μm	质地	光泽	体况	健康状况	毛皮成熟时间

表 9-31　狐（貉）场种群状况统计

配种情况					产仔情况					合计/只			成年狐（貉）数/只			仔狐（貉）数/只		
参配公狐（貉）	公狐（貉）利用率（%）	受配母狐（貉）	母狐（貉）发情率（%）	母狐（貉）受配率（%）	产胎数量/只	产胎率/（%）	产仔数/只	胎平均产仔数/只	群平均产仔数/只	公	母	总计	公	母	总计	公	母	总计

表 9-32　狐（貉）死亡记录

日期	狐（貉）号	数量/只	死亡原因	备注
合计				

表 9-33　狐（貉）养殖场诊疗登记

日期	发病症状	诊断结果	药物名称	用药量	备注

表 9-34　狐（貉）毛皮质量测定

狐（貉）号	成熟时间	取皮日期	刮油日期	上楦日期	风干日期	皮张长度/cm	干皮重/g	皮张等级

表 9-35　饲料单　　　　日期：

饲料种类	重量配比	标准		全群量/g			
		日喂量/g	蛋白质含量（%）	早饲量	中饲量	晚饲量	总计

第三节　特禽养殖场记录图表的认识与使用

特禽养殖场主要记录养殖场饲养、繁殖、管理等过程中的生产数据，便于掌握养殖场的整体情况，总结生产中的优势与弊端，积累养殖技术，提高工作效率和生产管理水平。主要包括管理记录、繁殖记录、生产记录等表格（表 9-36～表 9-49）。

表 9-36　苗禽购进记录

供雏单位名称			
联系电话		种畜禽生产经营许可证编号	
品种		引种证书编号	
引雏日期		产地检疫证编号	
引雏数量（只）		运输消毒证编号	
到场活雏数（只）		马立克氏病免疫情况	
备注			

表 9-37　生产记录

栋号：　　　品种：　　　入雏日期：　　　进雏数：　　　饲养员：

日期	日龄	周龄	温度/℃（最高/最低）	湿度（%）（最高/最低）	死淘数/只	补光时间/h	存栏数/只	料号	喂料量/kg	只均周末体重/g	备注（免疫、投药、称重等）
	1	第一周	/	/							
	2		/	/							
	3		/	/							
	4		/	/							
	5		/	/							
	6		/	/							
	7		/	/							
小计			/	/							
	8	第二周	/	/							
	9		/	/							
	10		/	/							
	11		/	/							
	12		/	/							
	13		/	/							
	14		/	/							
小计			/	/							

（续）

日期	日龄	周龄	温度/℃（最高/最低）	湿度（%）（最高/最低）	死淘数/只	补光时间/h	存栏数/只	料号	喂料量/kg	只均周末体重/g	备注（免疫、投药、称重等）
	15	第三周	/	/							
	16		/	/							
	17		/	/							
	18		/	/							
	19		/	/							
	20		/	/							
	21		/	/							
小计			/	/							
	22	第四周	/	/							
	23		/	/							
	24		/	/							
	25		/	/							
	26		/	/							
	27		/	/							
	28		/	/							
小计											

注：每周末随机抽 50 只称重，计算平均体重。

表 9-38　育雏、育成期生产记录

栋号：　　品种：　　入雏日期：　　进雏数：　　饲养员：

日期	日龄	温度/℃（最高/最低）	湿度（%）（最高/最低）	上日存栏数/只	死淘数/只	转群数/只	本日存栏数/只	喂料量/kg	补光时间/h	只均体重/g	备注（免疫、投药、断喙、称重等）
		/	/								
		/	/								
		/	/								
		/	/								

表 9-39　产蛋期生产记录

栋号：　　品种：　　入舍鸡数：　　饲养员：

日期	日龄	上日存栏数/只	死淘数/只	本日存栏数/只	喂料量/kg	产蛋量/kg	料蛋比	开灯时间	关灯时间	只均体重/g	百枚蛋重/g	产蛋率（%）	温度/℃（最高/最低）	湿度（%）（最高/最低）	备注

表 9-40　免疫、用药记录

栋号：　　　　　　　　　　　　品种：　　　　　　　　　　　　饲养员：

日期	日龄	存栏数/只	疫苗（药物）名称	疫苗（药物）剂型	使用方式	使用剂量	疫苗、药物制造商	生产日期或批号	有效期	使用目的	使用人	反映情况	备注

表 9-41　疾病诊断记录

编号：

日期		舍号		饲养员	
品种		日龄		存栏数/只	
送检数/只		发病数/只		死亡数/只	
临床表现					
用药史					
免疫情况					
剖检变化					
抗体检测					
初步诊断	诊断人：				
治疗	治疗人：				
效果跟踪					

表 9-42　消毒及消毒池液更换记录

日期	舍号/场地	消毒药名	药液浓度与剂量	消毒方法	操作员签字

表 9-43　病死禽无害化处理记录

日期	死亡数/只	周龄	解剖情况或死亡原因	处理方法	处理部门（或责任人）	备注

表 9-44 饲料、疫苗、药品购入记录

饲料及原料品种	数量/kg	价格/(元/kg)	金额/元	备注	疫苗药品名称	数量/kg	价格/(元/kg)	金额/元	备注
合计									

表 9-45 饲料加工记录

饲料品种：　　　　　　　　　　　　　　　　　　　　加工日期：

序号	品名	配比(%)	数量/kg	数量/kg	数量/kg	数量/kg	数量/kg	数量/kg	备注
1	玉米								
2	大豆粕								
3	菜籽粕								
4	棉籽粕								
5	麦麸								
6	青糠								
7	鱼粉								
8	豆油								
9	菜籽油								
10	肉骨粉								
11	磷酸氢钙								
12	蛋氨酸								
13	预混料名称								
14	药物添加剂品种、名称								
合计									

表 9-46 饲料领用记录

日期	舍号	品种	生产厂家	数量/kg	生产日期	领料人	备注

表 9-47　肉禽饲养成本效益分析

舍号		饲养员			
入雏日期		出栏日期		饲养天数/d	
入舍数/只		出栏数/只		成活率（%）	
出栏总重/kg		饲料消耗量/kg		料重比	
活禽价格/(元/kg)		饲料均价/(元/kg)		人工费/元	
活禽收入/元		饲料成本/元		水电煤费/元	
残次禽收入/元		幼雏单价/(元/只)		房屋设备维修/元	
其他收入/元		幼雏成本/元		折旧费/元	
		疫苗费/元		资金占用费/元	
		药物及消毒费/元		其他费用/元	
总收入/元		总成本/元			
总利润/元		平均利润/元			

表 9-48　商品蛋销售记录

日期	出售数量/kg	单价/(元/kg)	收入/元	销售渠道	日期	出售数量/kg	单价/(元/kg)	收入/元	销售渠道
合计					合计				

表 9-49　饲养成本效益分析

批次：　　　　鸡舍号：　　　　进雏日期：　　　　淘汰日期：　　　　饲养员：

育成期饲养成本分析					
进雏数量/只		饲料消耗量/kg		人工费/元	
幼雏价格/(元/kg)		饲料均价/(元/kg)		水电煤费/元	
幼雏成本/元		饲料成本/元		房屋设备维修及折旧/元	
育成禽数量/只		疫苗费/元		资金占用费/元	
育成率（%）		药物及消毒费/元		其他费用/元	
合计/元		只均成本/元			

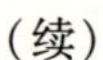
（续）

产蛋期饲养成本分析					
收入		支出			
平均产蛋禽数/只		饲料消耗量/kg		人工费/元	
平均产蛋率（%）		饲料均价/(元/kg)		水电煤费/元	
总产蛋量/kg		饲料成本/元		房屋设备维修/元	
平均蛋价/(元/kg)		疫苗费/元		资金占用费/元	
禽蛋收入/元		药物及消毒费/元		其他费用/元	
效益/元		合计成本/元			

成本效益分析						
禽蛋收入/元	淘汰禽收入/元	其他收入/元	母禽培育费/元	产蛋期成本/元	利润/元	只均利润/元

第十章

特种畜禽养殖场经营计划的编制

第一节　鹿场经营计划的编制

鹿场经营应有详细的、可执行的计划，具体包括繁殖计划、鹿群周转计划、鹿茸生产计划、饲料计划等。

一、繁殖计划

鹿场繁殖是鹿场经营的重要事项，关系到鹿场扩繁效率和鹿茸产量的提高，繁殖计划可包括选种、选配、配种与产仔计划等事项。

1. 选种计划

选种是重要的经营事项，选种主要目的是选出所需的种鹿，选种时除考虑体质情况、配种能力外还要考虑性状。通常与产茸相关的性状主要有茸重、茸主干长、嘴头围度等，其他性状如体质、体形、繁殖力、生活力、抗病力、适应性等也都是非常必要的性状。我国养鹿的主要目的是产茸，因此选种的首要参考性状与产茸相关，但不应该忽略抗病力、适应性等其他性状。因为茸重等某一性状达到一定程度时，就很难再有明显提高，甚至出现体质下降、抗病力下降等，进而限制产茸性能的表现。同时，又不能同时选择很多性状，因为选择的性状越多，每个性状的提高选种的进展就越慢，所以在选择性状数目时要适宜，既突出重点又不能因过多性状影响选种的进展。

2. 选配计划

选配是指种用公鹿和母鹿的选择和配合，选配时主要考虑个体之间的关系是同质还是异质。同质是指性状相同、性能一致，可以将优秀的品质遗传给后代，获得相似的优秀后代，通俗来讲就是用好鹿配好鹿。同质选配在鹿场经营中非常有意义，可将亲本的优良性状稳定地遗传给后代，在群体中加以巩固并增加优良个体比例。此外，如果鹿场进行杂交育种，当有理想性状出现时，也可以通过同质选配将这些性状固定下来。但需要注意的是，同质选配的效果与基因型的判断有关，因为基因型才是真正影响性状的根源，而表型与基因型并不一定完全对应，因此有必要在对基因型进行准确判断的基础上进行同质选配。同质选配也存在不良作用，比如如果种鹿存在某些缺陷，这些缺陷也会因为加强而导致更加严重，因此要对种鹿进行综合考虑后选择选配方法。

与同质选配相对的是异质选配，可以分为两种情况，一种是选择具有不同优异性状的公鹿和母鹿交配，以此将不同的优异性状结合到一个个体，获得同时具备父母优点的后代，可以通过该方法培育具有多方面优点的种鹿；另一种是选择同一性状，但优劣程度不同的公、母鹿交配，即用优秀种鹿改良劣质鹿，这对提高鹿场的生产性能具有重要的意义。

3. 配种与产仔计划

配种与产仔是鹿场生产管理的重要内容，也是保证鹿群数量稳定增长的关键和制订鹿群周转计划的科学依据，配种与产仔计划在制订时要考虑年初鹿群结构、母鹿配种与产仔时间，以及育成母鹿的初配年龄与受胎率、产仔成活率。年初鹿群结构是鹿群调整的基础，目标鹿群结构的完成要通过配种、产仔等管理实现，但因为母鹿妊娠期固定，配种时间会直接影响产仔时间。产仔期天气对于仔鹿成活率十分重要，以东北来说，早产仔有许多好处，如可以避开炎热的伏天；在分群时具有更大的体重，能够提高越冬的成活率。但如果在前期遇到低温多雨天气，会使仔鹿出生后死亡率升高。母鹿初配年龄是影响鹿群数量增长的另一个因素，虽然 1 岁母鹿初配的受胎率较低，但由于配种可以提高鹿群周转速度，为鹿场带来效益，目前较多鹿场将 1 岁母鹿用于配种，不过过早使用母鹿会影响其生长发育而降低生产性能。

二、鹿群周转计划

在鹿场经营管理过程中，鹿群结构合理与否直接影响鹿场效益，鹿群结构通常按不同性别、年龄、用途等在鹿群中的比例划分，如种公鹿群、生产公鹿群、母鹿群、育成鹿群和仔鹿群的比例。在一年内，鹿场群体数量会因仔鹿出生、转群、淘汰、出售和死亡等而变化，进而引起鹿群结构变化。养鹿业与其他畜牧业不同，因为只有公鹿产茸，鹿场中产茸公鹿群占据了鹿群结构的核心，产茸公鹿比重直接影响经济效益，通常占到 60% 以上。繁殖母鹿群是鹿场中另一个重要的群体结构，母鹿比例直接影响鹿场群体规模的扩大与群体的更新。对于以产茸为目的的鹿场，可繁殖母鹿的比例通常在 20%～30%，所生产的后备鹿能补充自然减少的需要。而对于销售良种的鹿场来说，较大比例的繁殖母鹿可以产出更多的优良后代，通过卖出良种鹿带来利润。

上述的产茸公鹿和繁殖母鹿均属于基础鹿群，负责鹿场主要的生产活动，与之相对的是后备鹿群，因为当鹿达到一定生产年限后，其生产能力会下降，最终产生的价值低于饲养成本而被淘汰，这时就需要后备鹿群来对基础鹿群进行补充，后备鹿群的数量大小通常取决于基础鹿群的使用年限、淘汰率及生产任务。在经营鹿场的过程中，最好对鹿场有长远的规划，并根据市场的情况提前做出鹿群周转计划，在合适的时机引进种鹿和卖出淘汰鹿，确保利润最大化。

三、鹿茸生产计划

鹿茸通常是养鹿过程的主要经济收入，因此鹿场经营中，除了需要根据目标制定合理的群体结构外，还需要对鹿茸生产做出计划。鹿茸的商品规格可分为鲜茸、干茸，梅花鹿茸又可以分为二杠茸、三杈茸等，以何种规格收取鹿茸主要取决于鹿生茸潜力、市场定价及销售渠道。

通常鹿的生茸潜力随年龄增长逐步体现，为了解鹿的生茸潜力，可以将梅花鹿嘴头较丰满、生长潜力较好的二杠鹿茸延长生长至三杈。在市场上，单位重量的二杠茸的价格通常远高于三杈茸，但收取二杠茸的鹿需要经历鹿茸创口的修复期，之后才能长出二茬鹿茸，这期间对于三杈茸来说始终持续生长，收取二杠、三杈茸两种规格的茸重差需要在鹿场生产中进行摸索。将各自茸重与市场定价相乘后即可得出两种规格的收益差别。但需要注意的是鹿茸市场定价除了二杠、三杈、多枝、怪角等规格差异外，还有各自的等级差异，不同等级价格差异也十分大，因此在经营过程中需要对鹿茸市场进行充分的调查和了解。销售渠道是鹿茸生产计划中另一个要考虑的事项，如果鹿场有一定的销售平台和加工能力，可以针对不同规格、等级的鹿茸选择最佳方案，提升鹿茸产品经济效益。

由此可见，收茸规格的选择是一项非常复杂但是又极其重要的鹿场经营内容，需要综合考虑鹿的生茸能力、茸型是否标准、市场定价等。在生产经营过程中，要对本场鹿的生茸能力、特点有全面的认识，与同行充分沟通，把握市场及其变化，积极扩展销售渠道。

四、饲料计划

饲料是养鹿的基础，也是鹿场经营的重大支出，饲料成本的高低直接影响鹿场利润，因此鹿场饲料选择的原则是满足鹿营养需要基础上尽可能地降低成本，减少浪费。饲料选择最好结合当地的农作物种类，可以最大限度地减少运输成本。

为了提高饲料的利用效率，要对饲料进行合理的加工调制，经过物理、化学和生物加工方法调制的饲料可以充分发挥饲料的利用价值，达到增加产茸、节约支出的目的。通常物理加工方法包括轧短、揉搓等，可以改变饲料的物理性状，使其变短、变软，提高消化率和营养价值。化学加工方法包括氨化等处理，如氨化后的玉米秸秆可以增加适口性。生物加工方法包括青贮发酵、酶解等，经过生物加工的饲料不仅味道改善、适口性提高，而且营养更加全面，贮存时间延长。

饲料计划用量应与鹿数量相适应，既要避免不足，又要避免过量剩余，导致变质、虫蛀等。饲料需求计划首先根据周转计划确定鹿的数量，计算公式为：

$$年平均只数=(每月初只数+每月末只数)/24$$

$$季平均只数=(每季初只数+每季末只数)/24$$

$$月平均只数=(月初只数+月末只数)/2$$

例如，某鹿场饲养成年鹿 200 只，一年内如果数量不变，则当年数量平均数为：

$$[200(只)+200(只)]\times12/24=200(只)$$

根据饲料定额计算饲料需要量，公式如下：

$$饲料需要量=平均饲养只数\times饲料定额\times饲养天数$$

如果上述鹿场成年鹿玉米定额为 1kg/(d·只)，一年玉米需要量为：200(只)×1[kg/(d·只)]×365(d)= 73000(kg)。

上述举例的饲料定额不代表实际用量，因为在生产过程中，随季节变化和生产阶段不同（如生茸期、配种期），一年中的饲料用量会有较大变化。此外，在计算饲料用量时，还要考虑浪费、灾害等意外的发生，需要在需求用量的基础上增加 10%～15%。

第二节　毛皮动物养殖场经营计划的编制

一、貂场经营计划的编制

为了保证貂场的饲养安全与质量，根据相关准则规章和要求，制订出一系列养殖场的管理制度和相应的计划，主要包括：饲料管理制度、生产管理制度、技术管理制度、考核制度。

1. 饲料管理制度

饲料是关系到貂场生产成败的先决条件。水貂属于肉食性动物，饲料构成必须以肉食为主，在饲料的搭配和饲喂上要特别注意品质要新鲜，蛋白质、脂肪与碳水化合物三大营养物质的比例搭配必须合理，品种要相对稳定，要有较好的适口性，饲料的供给量要科学合理，要特别注意各种维生素和微量元素的供给。

2. 生产管理制度

除长年不断的日常饲养管理工作之外，貂场每年要进行水貂的配种、产仔、取皮、血检、进出种貂、疫苗接种等生产活动。为确保这些工作有条不紊地进行，必须执行以下生产管理制度：

1）进行每项重大生产活动之前，制定相应的工作方案，进行周密的组织安排，使大家明确各项活动的目的、意义、方法、步骤、技术要求和注意事项，以及每个参与者应尽的责任、义务等。

2）各项活动之前都要进行技术培训，活动过程中进行现场指导，工作结束后进行总结，交流经验，从而逐渐提高人员素质和工作质量。

3）为了保证生产和种群的健康，严格执行饲料管理规程和卫生防疫规程，并采取相应的奖罚措施。

4）为了掌握种群变动、饲料利用和生产质量情况，每月进行 1 次生产和病死情况的统计。

3. 技术管理制度

水貂的饲养技术属于应用科学范畴，包括饲养管理技术（主要包括饲料配制、饲料加工、貂群管理等）、繁殖育种技术（主要包括体况控制、发情鉴定、放对配种、妊娠期管理、产仔保洁、仔貂育成、选种选配、杂交改良、新品种培育、调整调拨种群、更新种群等）、疫病防治技术（主要包括饲料、饲养用具及周边环境卫生，四大疾病的检验、检疫和疫苗接种，普通疾病的预防和治疗）、产品加工技术（毛皮的初加工技术包括毛皮成熟鉴定、处死、剥皮、刮油、洗皮、上楦、烘干、验质；毛皮的深加工技术包括鞣制、染色、配料、裁制、缝制、成衣）等方面，具有较高的科技含量。因此，必须结合生产实际，开展各种形式的科研和科技开发工作，解决生产实际中遇到的各种疑难问题，为企业的发展引入新技术，注入新的经济增长点。

4. 考核制度

貂场职工岗位主要有场长、生产队长、技术员、饲养员和饲料加工人员。各岗位职工责

任如下：

1）场长组织全场劳动，保证饲料供给，制定劳动定额。在生产队长和技术员协助下，完成生产计划。

2）生产队长监督饲料出库、称重和加工，保证饲料质量；组织现场繁殖、育种、疾病防治、产品加工和维修等具体工作；根据定额计算饲养人员和饲料加工人员的工作量。

3）技术员制定饲料单和水貂种群改良提高技术措施，解决生产中涉及的技术问题，监督、配合生产队长执行计划，管理好技术档案。

4）饲养员和饲料加工人员严格按技术要求规定，完成规定定额的各项工作。饲养员的生产定额应与全场生产计划相适应，应明确下列几项指标：固定每个饲养员负责的水貂数量；种貂繁殖指标和仔貂育成数；种貂数量和毛皮的产量与质量。生产定额计划应根据本场历年生产经验和人员素质条件灵活确定，并与按劳分配、多劳多得的分配原则相结合。

二、狐场经营计划的编制

1. 确定养殖模式和养殖规模

现有养殖模式包括散户养殖、大型养殖场养殖、规模化养殖小区养殖等。散户和单一的养殖场因为养殖量有限，不能吸引社会化服务，没有规模效应。特大型养殖场实现了集约化养殖，效益较好。现在发展趋势是以大型养殖场、大户带动周围的农户进行养殖，并不断扩大规模进而形成养殖专业村，兴建专业养殖小区，并规范饲养管理，发展标准化示范场。

1）散户优势是投资小、建场简单、“船小好调头”，应对市场风险灵便等。存在弊端是决策盲目性强、饲养方式参差不齐、科学养殖水平低、销售环节薄弱、易受中间商盘剥等。

2）大型养殖场优势是有利于良种选育、有规模效益、技术支撑好、污染物方便集中处理等。存在弊端是前期投入大、人员多、管理难度大、动物密度大、防疫困难等。

3）养殖小区优势是统一引种、统一防疫、统一供料和统一销售、信息灵通、科学管理、互帮互助等。弊端是对管理者要求较高，要求既要有丰富的养殖经验能够指导生产，又能真正为小区养殖户着想，不谋私利；另外，要求养殖户也要有高度的组织性，团结一致，群策群力，不搞单打独斗。成功的养殖小区应该是一个有机的整体，而不是各自为政，一盘散沙。

无论哪种养殖模式，只要用心饲养都能取得成功，建场之前必须充分了解自身条件，认真调查研究，根据自身条件（主要包括场地、资金、人员、养殖技术等）选择养殖模式，切不可好高骛远，不切实际地建场。

2. 降低生产成本的途径与方法

1）科学饲养管理。通过饲养管理，充分发挥狐的生长繁殖能力，提高产仔数量和仔狐的成活率，确保养殖效益；增强狐抵御外界不良因素和病原微生物侵袭的能力，保证健康生长，减少疾病和死亡引起的经济损失。饲养管理要精心，让狐吃好，确保能正常地生长发育，清理剩料、保证清洁的饮水、按时注射疫苗，对病狐早诊断早治疗，必要时隔离。对损坏的笼舍进行维修或者更换。及时清除粪便，定期消毒等。

2）利用畜禽副产品。养殖畜禽的肺、肠、血液、头、骨架等副产品是最廉价的动物性饲料，在饲料中适量地添加部分畜禽副产品代替优质的动物性饲料是完全可以的。这样做既可以降低生产成本，又不影响狐的正常生长发育和毛皮质量。

3）采用配合饲料。随着对狐营养研究的深入，配合饲料在实际生产中普遍应用，并取得了较好的效果。使用配合饲料能满足各个时期狐的营养需要，而且饲喂方便，容易贮存，价格合理，还能避免自制鲜料搭配不合理、营养不足或者过剩、劳动强度大等现象的发生。使用配合饲料饲养是较为经济的。

4）做好成本预算。应针对狐生产过程涉及的各个环节中成本要素计算出一个大致的总成本投入值。成本预算可以控制成本，对影响养殖生产的各种因素加以管理，及时发现与预定的目标之间的差异，采取一定的措施加以纠正。生产成本主要包括引种费、饲料费、饲料加工费、饲养员工资、固定资产折旧费、疫苗与药费、笼舍费、加工设备费、场地费、维修费、水电费、行政管理费等。其中以饲料费所占比重最大，约占70%。

5）成本核算。这是在生产和服务提供过程中，对所花费费用进行归集和分配并按规定的方法计算成本的过程。它是经营者生产经营过程中各种耗费如实反映的过程，也是为了更好地实施成本管理进行成本信息反馈的过程。因此，成本核算对经营者成本计划的实施、成本水平控制和目标成本的实现起着至关重要的作用。

与成本预算相比，成本核算提出今后狐生产经营的改进措施。针对狐的各个成本要素，进行成本核算的实际成本和预算成本的比较分析，重点分析产生差异的原因，针对由于饲养技术或效率产生的不利差异，提出改进的措施和行动计划。

3. 了解市场并预测行情

1）了解市场运行规律，把握最佳进入时机对新养殖户非常关键。市场低谷时种狐没人调，毛皮没人购。即使有人收购毛皮，价格也仅是成本价格，甚至更低。此期间很多养殖户把种狐也打皮，彻底退出了毛皮动物养殖领域，个别坚持下来的也急剧缩小养殖规模。此时是进入的最佳时机，因为种狐价格最低，风险也就降到了最低。此外，由于种狐数量大量减少，市场皮张也急剧减少，皮毛商和服装厂家的库存经过这段时期也会告竭。低潮后一般第二年正是皮张市场短缺时期，皮张价格会逐渐提高，养殖利润就增加，此时又有很多养殖户加入进来，养殖规模也逐渐扩大，市场上种狐短缺，种狐价格也会大大提高，养殖户会有很大利润空间。

2）引种很关键。种狐是有严格标准的。毛皮动物的产品是皮张，而皮张是按照尺寸、质量论价的。好的品种是生产优质皮张的前提，因此在优良种狐上多花一些钱是值得的。特别是种公狐，一定要选择个大体长、皮毛质量优良、系谱明确、疫病防控严格的。

3）根据市场行情，适时调控种群规模。在市场低潮期可以缩小优良种群规模，降低养殖成本；市场走出低谷时，因为有种狐储备，能迅速扩大养殖规模，高潮期就大赚一笔。根据毛皮动物养殖规律，高潮期、低谷期的间隔一般在3~5年，特别是在低谷期一定要坚持，要做好长期饲养的心理准备。同时，养殖户一定要打消一两年就能暴富的心态，更不能赔钱后就失去了信心，直接退出这个行业。

三、貉场经营计划的编制

貉属于季节性繁殖的动物，每年春季发情配种，冬季取皮，属于常年投入，取皮时一次性产出，在资金方面的投入很大，这就需要编制好貉场的经营计划，以免在经营过程中出现资金短缺、无法正常运转的情况。在编制经营计划时，综合考虑市场、管理、生产等各方面的因素，力求生产出更多、更好的优质产品，降低一切不必要的支出，创造出良好的经济

效益。

1. 经营计划编制前的准备

编制经营计划是指为了实现貉场的经营目标，对貉场的生产经营活动及所需的各种资源从时间和空间上做出具体统筹安排的工作，它是指导生产过程中供、产、销的行动纲领。貉场应根据自己的财力、物力、人力及市场需求等客观情况，编制生产经营计划，进行有计划的经营管理，以提高貉场的经济效益。编制计划前，应对貉场的各项成本的投入和产品的产出有一个总体了解，为计划编制提供依据。

（1）貉场生产成本分析　养貉目的就是最大限度地生产优质的种貉、皮张等产品，降低生产中的各项成本，取得最优的经营利润。在貉场的经营过程中，成本就是单位产品的物力与人力的投入。它又分为直接成本和间接成本。

1）直接成本。直接成本是指直接投到产品生产过程的成本，包括饲料成本、饲养人员工资、兽药疫苗成本、水电投入，这部分成本占生产成本的绝大部分。

2）间接成本。间接成本是指用于服务性生产的成本，主要指管理人员工资、笼舍场地的折旧成本、设备维修成本、饲料损耗成本等，这部分成本在生产成本中占比较少，经营管理水平和养殖规模直接影响着间接成本。

3）成本预算与核算。成本预算是对养貉过程中各项可能发生的投入一个大致的计算，通过成本预算可以控制成本，在生产中，出现与成本预算有很大出入的情况时，就要采取相应措施加以调整。

成本核算就是要准确算出养貉的成本投入，是计算养貉效益的前提。要想做好成本核算工作，首先要建立好原始记录，对各项支出要有严格、规范的记录，各项成本投入要一一分析，准确计算出单位产品的成本投入，并对核算结果进行分析，看哪些投入可以减少，哪些投入需要加大，通过成本核算，为经营计划的制订提供直接的数据支持。

（2）貉场收入分析　貉场的收入主要有以下几项：出售皮张收入，出售种貉收入，出售貉油、貉绒收入，粪便收入等，主要的收入来自出售种貉和皮张。销售种貉和皮张的数量与质量对增加收入影响很大，一般群体的数量和皮张产量越多，产品的品质越好，售价也就会越高，收入也就越多。

（3）貉场效益分析　貉场的总收入减去总支出就是效益，正数是盈利，负数就是亏损。在单位产品的成本和卖价不变的条件下，效益直接取决于生产水平，即每只母貉年终平均成活数。因为种貉的饲养成本由商品貉的成本分摊，所以商品貉数量越多，效益也就越高。

2. 各种经营计划的编制

（1）生产计划

1）繁殖期计划。貉根据饲养特点分成不同的时期，在取皮时，根据貉场笼舍的数量和资金的情况，确定留种的公貉数和母貉数、是否引种、引种数量。根据生产需求，提前制定配种方案、产仔方案、分窝方案，同时根据工作量的大小确定生产用工的数量。还要根据繁殖期的生理特点和采食量，确定采购饲料的数量、种类，制定繁殖期饲料配方。

2）生长期计划。生长期是养殖场投入最多的一个时期，此时幼貉数量较多，采食量也逐渐增加，饲料的投入加大。此阶段主要是制订好初选计划，以及根据采食量的多少确定饲料的数量与种类。

3）冬毛生长期计划。此阶段貉由育成期转入冬毛生长期，除了做好复选、终选计划，还要根据此时的营养需要调整饲料配方，以利于皮张质量的提升。

（2）采购计划 主要包括貉生产中各种饲料原料、饲料添加剂等的采购，饲料采购计划要根据饲料贮藏间的大小、冷库的容积、饲料原料的保质期、采食量、资金等情况进行，如果资金充足，可以在饲料原料价格较低的时候，贮存一部分，以降低饲料的投入。采购计划还包括生产中各种用具、笼舍维修、工人劳保等的采购，计划的制订要根据往年经验提前做好这些物品的采购。

（3）用工计划 养殖场的人工支出是一项较大的开支，随着人工成本的增加，这部分支出所占的比例有所增加，因此要根据工人的生产效率合理地安排用工人数，尽量减少非生产人员的人工投入。目前，貉的饲喂有专门的喂食车，喂食车的使用可以大大减少人工的投入，提高饲喂效率。

（4）销售计划 销售计划的制订也就是计划在什么时间销售种貉和皮张等产品，由于貉皮行情每年不同的时期会根据市场需求情况出现波动，一般取皮季节因为皮张大量上市，皮张价格较低，其他季节根据市场需求出现波动，建议有条件的养殖场对本场貉皮进行初加工，制作成干板保存，待行情转好时进行销售。当然，具体的销售计划也要根据自身经济承受能力，在分析市场的基础上，对皮张产品适时销售。对于种貉的销售，如果能在早期进行销售，可以节约部分饲料和人工的投入，但风险就是毛绒还没有成熟，所售的种貉质量不易保证，一般种貉的销售是在取皮前后，在留足本场种貉后，可以对剩余的种貉进行销售。

3. 提高效益的主要措施

提高生产效益的主要措施是降低成本和增加收入，也就是以最小投入，换取最大的经济效益。这与经营计划编制的好坏、种群质量的高低、科学的饲养管理方法、灵活掌握市场信息和提高经营管理水平有直接关系。

（1）降低成本的措施

1）降低饲料成本。饲料是饲养貉最大的支出项目，饲料成本占总生产成本的70%以上。因此，合理地利用饲料，减少浪费可大大降低饲料的投入。降低饲料成本的关键是制定合理的标准，按标准配制日粮，不能随意提高日粮水平，但应根据饲料条件和生产状况及时调整。例如，在繁殖期和幼貉育成前期合理利用肉、蛋、乳类等价格昂贵的饲料；在非繁殖期和冬毛期，实施种貉和商品貉分群饲喂，合理增加廉价的畜禽下脚料、血液、肉类副产品等动物性饲料的利用，将有利于在保证产品质量的同时，大幅度降低饲料成本。但不提倡为了降低饲料成本随意降低饲养标准，导致影响生长发育和毛绒质量，得不偿失。

2）减少饲料损失浪费。饲料在采购、运输、贮存、加工过程中的损失也是一笔不小的支出，因此在饲料的管理工作中应特别注重质量管理，防止因饲料贮存管理不当造成的腐败变质，以及在饲料贮存过程中因鼠害、鸟害造成的损失。

3）科学饲养，提高劳动效率。提高养殖的机械化水平，饲料加工、饲喂、饮水、取皮等能采用机械化的尽量采用机械化，以提高生产的效率。另外，根据人员的岗位责任和目标要求，对各项任务实行任务承包和绩效管理，以提高人员的积极性和主动性。

4）降低工资、兽药及其他间接支出。降低工资的方法，一方面减少行政、管理人员的工资支出；另一方面通过提高养殖效率，相对减少分摊到每只貉的人工投入。在生产中，秉承“养重于防，防重于治”的理念，做好疾病的预防工作，减少因疾病的发生造成的兽药

投入及损失。

（2）提高收入的措施

1）提高产品数量。在饲养条件允许的情况下，皮貉饲养的总只数和产品数越多，每只貉所均摊的直接费用和间接费用也就越少。因此，应把提高生产水平，增加产品数量作为提高收入的主要措施。

2）提高产品质量。产品的质量对其经济收入也有直接影响，如质量好的毛皮和质量差的毛皮售价相差1倍左右，而其成本是相同的，因而经济效益也相差近1倍。此外，产品质量高的养殖场出售种貉量增加，也相应地提高了收入。所以，养殖场把育种工作作为常年的任务，不断提高貉群质量是十分必要的。

综合利用和多种经营养殖场应同时饲养两种或两种以上的毛皮动物，以便合理利用饲料，使经济收入较为稳定。例如，养貂的同时养貉，貉可以利用貂的剩食，减少饲料浪费。小型养殖场可多种经营，提高收入。例如，利用当地自然资源发展养兔、养鱼，用兔的下脚料、羊乳、小杂鱼喂貉，貉粪养鱼肥田。

（3）掌握市场信息　生产的商品毛皮产品的市场价格经常变化，主要受到产品数量、质量及流行特点等条件制约，并有一定的周期性或规律性。因此，应根据市场信息及时调整发展方向和规模，生产的商品如果顺应了市场需求，也可提高收入。

总之，毛皮动物养殖场的经营管理必须以市场为目标，以效益为中心，以产品为龙头，以种兽为基础，以技术为后盾，以管理为保证，才能取得显著成绩。

第三节　特禽养殖场经营计划的编制

目前，我国大部分特禽养殖场管理粗放，缺乏科学管理意识，为了强化特禽养殖场高效运行，提高群体生产性能，最终提高养殖效益，实现长期可持续发展，制订合理的经营计划非常重要。

一、生产计划的制订和实施

生产计划制订对于养殖场具有重要作用，工作的程序化、流程化也是各生产管理环节高效运作所必需的。

养殖场根据自身的经营方向、生产规模、年度生产任务，结合场内的实际情况制订各项生产计划。为实现年初的生产计划，在制订计划初期要确定监管人员，在生产中应由计划的监督管理人员、技术人员、财务人员、生产人员和计划制订人一同对计划的实施情况及实施效果进行跟踪验证，并做好记录，以便为下一年度生产计划的制订提供科学的切实可行的数据。因此为保证生产计划的实施，在技术上要保证种源的良种化、饲料的科学化、疾病防治的程序化及经营管理的专业化和配套化。

本节详细介绍特禽养殖场生产计划的种群周转计划、产品生产计划和饲料计划。

1. 种群周转计划

种群周转计划反映特禽养殖场在一定时期内种群的变化情况，是制订其他计划的依据。在生产过程中，由于繁殖、生长、购入、出售、淘汰等原因，种群结构经常发生变动，为了有计划地控制种群的增减变化，保证完成生产计划任务，必须编制种群周转计划。一般根据计划年初种群结构、本年生产任务和扩大再生产的要求，确定年末的种群结构；根据种群交配计划，确定计划年内繁殖幼雏数量；根据成年禽可使用年限及体质状况，确定各组的淘汰或出售只数，然后按照种群的转组关系，编制种群周转计划。编制种群周转计划时，还应考虑以下几个因素：①根据成年禽舍的数量和市场行情确定本年度饲养的种群数量；②安排好种群之间的间隔；③各种群的饲养数量还要考虑公禽的数量；④参考本场的生产水平，确定育雏成活率及产蛋期死淘率、各饲养阶段的时间、禽舍清理消毒及空闲时间等。

2. 产品生产计划

产品生产计划是养殖单位对所提供的肉蛋特禽产品生产的计划。编制产品生产计划应根据种群周转计划中提供的种群数量、日龄，参考饲养手册中该日龄的产蛋率、种蛋合格率、种蛋受精率、死淘率等，还需特别注意不同产品的生产规律。

3. 饲料计划

根据养殖场经营规模及日常需要量合理安排饲料供应，才能保证生产计划及生产目标的顺利落实，同时合理的饲料供应计划也有助于资金的合理使用。包括饲料需要量计划和饲料平衡计划。编制饲料需要量计划的依据是根据种群周转计划和各日龄阶段每只特禽的饲料消耗量，计算每周和全年各禽群的饲料用量。饲料计划要将各种饲料的数量分别列出，因为各种饲料的价格不同，制订财务计划时需要这些数据。另外，要在计算的基础上增加5%左右的保险系数。节假日要制订短期的饲料需求计划，提供给饲料厂。尤其是需要从饲料公司购买饲料的养殖场，放假前一定要储备足够的饲料。

编制饲料平衡计划是为了检查饲料余缺情况。饲料供需平衡包括各种饲料总量的供需平衡和动物性饲料与植物性饲料、青绿饲料与粗饲料的供需平衡。

饲料计划编制的注意事项如下：

（1）保证饲料原料质量　饲料原料的质量直接关系到饲料的转化效率和养殖的经济效益。

（2）优化饲料配方　优化饲料配方主要是利用相关软件、资料文献和有经验的养殖技术人员来筛选和制定最低用料量，并达到价格合理、营养水平完备的目的。

（3）掌握饲料加工操作过程　在饲料加工过程中，要认真注意计量、粉碎和混合3个环节。配方确定后，操作人员必须严格执行，不得随意改动，对使用量较少的添加剂一定要称量准确，为保证混合均匀，添加剂最好采用逐级混合的方式。

（4）加强饲养管理、减少饲料浪费　为减少浪费，饲喂时一次上料的数量不可过多，一般一次饲料的加入量不应超过料槽深度的1/3。如果对生产性能下降或有伤病的雉鸡及时淘汰，也可减少饲料支出。

（5）定期灭鼠，加强饲料保管　定期灭鼠，并对窗户和通风口做好防范；购进的原料和加工好的饲料尽量不要放在室外，保存时底部要保持与地面20cm左右的高度。采购饲料时，不要一次大量购进。自己加工的饲料一次不要加工得太多，最多够1周用即可，以保证饲料的新鲜度，防止饲料发霉或被污染，提高饲料的利用效率。

二、安全管理

生产中的安全管理包括人员安全、生产安全、产品安全、防火安全、财产安全等。

1. 人员安全

养殖场容易引起人身安全事故的主要因素有电击（如冲洗禽舍、带电操作机电设备）、煤气中毒、使用危险的化学物品（烧碱、甲醛等）、操作损伤等。有了安全防范措施及制度则必须坚决执行到位。

2. 生产安全

现在特禽养殖场也逐渐实现机械化、自动化和智能化，使用自动水线、料线、自动集蛋、清粪、自动温控等，要保障生产的正常进行和设备设施的日常使用，检查、维护保养工作极为重要。重视设备的使用管理，建立健全设备的使用、维护、保养等制度，有利于保障设备的正常运行，降低养殖场成本和运营风险。详细的设备分类清单及维修、报废等数据报表有助于管理者了解设备的使用成本和设备故障率等，并可获得同类产品不同的性价比等信息，有助于管理者对产品质量的把握，为采购提供依据。

3. 产品安全

产品安全主要是质量安全，如药残问题。这需要科学的饲养、合理的免疫保健程序和良好的环境卫生来保障。

4. 防火安全

培养和训练以增强全员的防火意识对保障人身及财产安全极为重要。各种建筑（禽舍、宿舍、办公场所等）在设计时应考虑到此问题，并配备灭火装置，还需定期对灭火装置的有效性进行检查。同时须注重过程巡查的重要性，及时发现和排除火灾隐患，尤其应加强对重点防火区域的巡查。

5. 财产安全

应注意做好钱物的保管及电脑数据的备份保存。

三、劳动管理

1. 完善人员信息和组织架构

人员信息资料的完整性有利于管理者了解人员和组织架构及人员变动情况等，各养殖场可根据自身条件进行职位整合。

1）综合管理部门主要负责养殖场所有文件制度的制定和实施，薪酬管理，物资采购、发放和维修。

2）生产部门主要负责生产计划、养殖规划、日常管理和疾病防治等相关工作。

3）销售部门负责养殖场产品的销售和客户维护。

4）财务部门负责养殖场所有资金往来和成本核算。

2. 岗位制度

（1）养殖场长　负责养殖场的全面工作，是保障全场安全生产和产品质量的第一负责人。

（2）副场长　协助场长抓好日常场地各项管理工作。场长外出或休假时主持全场工作。协助制定场内的管理制度并负责落实。

（3）行政　主要负责收发公文、起草、归档、印章、证照、会务、活动组织，外联、接待、公关，产业发展政策、法律事务，制定规章制度、管理办法等行政工作。

（4）人事　主要负责人员招聘面试、薪酬管理、福利管理、社保、员工调动、考勤、培训、绩效惩罚等工作。

（5）设备 负责公司设备的采购、维护、车辆调配等工作。

（6）档案 负责公司会议纪要、公司文件与材料、各种合同、人事档案、生产记录资料的存档保管，文件与材料等外借回收登记等档案管理。

（7）库房 负责所有物资的进出库管理，生产工具发放与回收、农业成品的库存管理等工作。

（8）生产主管 组织制定相关规章制度和作业程序标准，经批准后监督执行。组织实施生产计划，参与产品质量问题的分析，制定并实施纠正和预防措施。落实各项生产安全制度，开展经常性安全检查，组织安全生产教育培训。统计分析养殖区每天的生产情况、养殖的成本消耗，制定可操作性成本控制措施。

（9）技术员 负责养殖场生产的技术管理工作，监督检查技术措施的落实。及时、准确了解现场养殖信息，实时检查特禽生长和防疫情况。负责养殖饲料的配置（饲料种类、规格、新鲜程度、卫生情况等）和病害防控工作。实时检查养殖区的喂食、健康、卫生情况，发现问题及时向上级主管反映并解决。负责制订场内人员培训计划并实时对养殖员进行养殖技术培训。做好养殖生长情况记录并存档。

（10）养殖人员 养殖人员必须严格遵守场内的各项规章制度，爱岗敬业。服从上级主管调遣和技术员养殖管理安排，养殖人员是管理养殖区的第一负责人。根据养殖生产要求，按时清理养殖区，以及适量投放饲料。严格执行巡察制度，发现病死动物及其他异常，及时处理并向上级主管汇报。协助技术员做好卫生防疫和消毒等工作。做好各种生产养殖用具的日常维护保养工作，及时维修或报修各种生产工具设施。及时做好生产日志的记录工作。

（11）监督员 负责养殖场生产、卫生防疫、药物、饲料等管理制度的建立和实施。对养殖用药品、饲料及技术员开具的处方单进行审核。监管养殖场药物的使用，确保不使用禁用药，并严格遵守停药期。积极配合检验检疫人员和养殖场实施日常监管和抽样。如实填写各项记录，保证各项记录符合养殖场和其他管理及检验检疫机构的要求。监督员须持证上岗。发现重要疫病和事项，及时报告养殖场场长和检验检疫部门。

（12）销售员 负责制订公司产品的销售模式、销售计划、产品推广等销售工作。

（13）配送 主要协助销售员做好客户订单处理，安排配送计划、控制采收数量、制订配送路线、安排配送车辆与配送人员，按时把产品配送到客户手中。

（14）客服中心 主要负责咨询、回访客户、受理客户投诉、产品召回更换等售后服务工作。

（15）会计 负责养殖场建设、生产、运营资金计划，经费计划、融资回款，成本核算及税务等工作。

（16）出纳 负责收付现金、借支、汇兑、托收、银行往来对账等工作。

四、财务管理

1. 建立财务管理制度

为确保财务管理工作顺利开展，必须明确养殖场场长是养殖场财务管理的第一负责人，对本养殖场的会计基础工作负有领导责任，财会人员应对本单位的具体财务收支负责，确保

会计信息的真实性和完整性。养殖场必须按规定设立总分类账、银行存款账、现金日记账，对本养殖场发生的每一笔财务收支业务进行登记，做到日清日结，账目分明。

2. 完善财务报销流程

养殖场对当月发生的财务收支业务必须进行结账，并将收支情况做好财务收支报表，整理装订好原始凭证。各项业务收入，均应按规定缴入养殖场指定的账户。年终结算时，所得利润由养殖场统一安排使用。

3. 成本控制

单位产品成本是决定养殖场经营效益最为关键的因素。如何把控成本，追求效益最大化，提高生存能力及发展潜力是必须考虑的问题。

（1）人工成本　控制人工成本要想办法提高工作效率，通过入职培训、技能培训等提高饲养员饲养技术，提高养殖效率。

（2）物料成本　在工作过程中要强调不浪费，提倡节约，用料等成本要和人员的考核挂钩。水电成本要关注各种浪费，节能降耗是考虑方向。设备保养维护及其更新强调正确使用，设备要注重保养，减少维修概率。

第十一章
现代化特种畜禽养殖场

第一节　现代化养鹿场

养鹿场的布局和设施需要与鹿的生物学特点相适应，养鹿业虽然经历数百年的发展，但是和猪、牛、鸡等传统畜禽相比，机械化、集约化、智能化等还相差很远，目前很多养鹿场还属于庭院式，限制养鹿业现代化的发展。比较规范和先进的养殖鹿场在现代化方面有了很大的进步，但因为鹿类动物胆小、易惊、野性大等特点，鹿养殖的现代化道路还相当漫长。本节就目前大型养鹿场比较先进或有意义的设施进行介绍。

1. 圈舍通道

鹿在养殖过程中经常会因为生产、繁殖需要对整个鹿群、指定鹿调圈，鹿因驯化程度较低、胆小，成群跑动，因此是一项很困难的工作。通常需要麻醉或借助圈舍门和拨鹿通道，麻醉方式适合单个鹿的调圈，但对人力需求较大，且有一定的药物风险；而拨鹿通道需要在场区建设之前进行规划。因此现代化养鹿场需要具备合理的圈舍通道布局和宽度（彩图10），既要满足饲喂车辆的正常通过又不能过宽而导致拨鹿困难、人力增加，鹿的高度以下通道尽量采用实墙，避免使用金属网，避免鹿受惊时视线不清、徘徊乱撞，而圈舍通道交叉处要设置多个门来控制拨鹿方向。

2. 门

门是鹿场圈舍的重要设施，不仅影响鹿的安全，还影响拨鹿的顺畅，通常梅花鹿圈舍前后都具备门，方便前后排圈舍之间进行拨鹿，同时相邻圈舍之间开有侧门（彩图 11），方便鹿群调整。

通道交叉处的门（彩图 12）用于封闭和改变通道方向，平常关闭用于保证鹿的安全，防止鹿逃跑，与通道配合使用可以用来拨鹿。由于圈舍前的通道双扇封闭门会挡住料槽，影响饲喂，因此可以采用折叠门（彩图 13）。圈舍及通道门通常采用钢板或钢板加铁丝网，钢板高度不低于鹿头部高度，防止鹿受惊时视线不清撞门，导致受到伤害。

3. 饲槽

我国养鹿场的饲槽种类和材料多种多样，但以水泥砌筑的最为广泛，其特点是坚固耐用，可以根据需要做出坡度和外沿，为了考虑排水需要，通常以 PVC（聚氯乙烯）管为材料做出排水口（彩图 14）。饲槽底部具有一定的坡度，防止局部存水引起饲料变质。为了延长使用寿命和便于打扫，目前一些鹿场在饲槽底部铺设瓷砖，避免了具有酸性的青贮饲料对

水泥的腐蚀作用。饲槽内斜坡角度适当增大，便于饲料落到底部，又可防止鹿从饲槽与横杆的缝隙中逃出。

4. 饮水设施

饮水设施是鹿圈舍的重要设施，在北方冬季，鹿的饮水是一个难题，以往人们通常以圆底铁锅作为饮水装置，冬季以灶台烧火的方式加热，防止水结冰。但供水管路无法使用，只能以车辆运水。近些年来一些鹿场以电加热板、控温面板和不锈钢饮水槽组合成电加热饮水槽（彩图 15），配合外围的保温层和水泥墙来保证冬季饮水；也有部分养殖场还将地下管路包裹伴热带，以电加热的方式防止供水管路冻结，极大程度地解决了鹿场鹿冬季饮水的问题。

春、夏、秋季，对于一些南方鹿场或者北方鹿场，可以采用牛用的自动饮水碗（彩图 16），该设施配合供水管路，可以实现鹿的自动饮水，减少人力投入，相比传统的水锅具有更加清洁的特点。但是，由于公鹿在秋、冬季残角固化变硬且具有磨角、顶蹭的习惯，该设施可能不适用于公鹿圈舍，可装在母鹿圈舍用于母鹿和仔鹿饮水。

第二节　现代化毛皮动物养殖场

近些年，由于国外优良品种的引进，先进的饲养管理方法也引入到我国，国内纷纷建起了一些规模化、标准化的毛皮动物养殖场，这些养殖场采用先进的养殖设备和笼舍，引入先进的饲养理念和先进的取皮设备，显著提高了我国毛皮动物的品质和生产效率。

一般现代化的毛皮动物养殖场建设在交通方便、环境僻静、清洁卫生，有充足的清洁水源，背风向阳，能避开寒风侵袭，便于粪污处理的山谷和平原。养殖场一般分为生产区、管理区、疫病防治区。生产区主要有棚舍、饲料贮藏室、饲料加工室，管理区主要有办公室、宿舍，疫病防治区主要有兽医室、隔离区。

车辆进入场区，在入场大门口的消毒池进行车辆消毒，人员穿戴好防护服、口罩、鞋套等防护用品，进入消毒间，根据场区消毒要求开展消毒。

1. 棚舍

养殖场根据气温、湿度、风向，建设有相同走向的若干排棚舍（彩图 17），棚舍规格一般为长 25~50m、宽 3.5~4m、棚檐高 1.1~1.2m。棚顶由石棉瓦（彩图 18）、钢筋、水泥等材料制作，棚柱和棚梁由水泥或木材制作，在棚舍的两头设有挡风用的墙，有些养殖场为了夏季防暑降温，在棚顶的石棉瓦上部安装有喷雾装置。棚舍中间为走道，内置两排笼舍。

2. 笼箱

水貂笼箱（彩图 19）由产箱部分和笼箱部分组成，产箱一般为木质结构，6 个产箱为 1 组，底层是双层铁丝网，其中上面一层为固定网，下面一层为可开关的活动网，在产箱和笼箱之间有一个出入口供水貂出入。在生长期，1 个笼箱可以放 2~3 只水貂，取皮结束，每个笼箱放置 1 只种貂。在笼箱的外侧安装有自动饮水装置（彩图 20），可供水貂自由饮水，饲喂的饲料放置在笼箱的顶部。狐貉的笼箱也由产箱部分和笼箱部分组成，狐使用食盒饲喂，貉使用食盆饲喂，如果饲喂颗粒饲料，还安装有颗粒料盒，饮水采用自动饮水。

3. 饲料贮存室

饲料贮存室分为干饲料仓库和冷库，干饲料仓库用于贮存预混料、鱼粉、肉骨粉、膨化玉米等干饲料原料。冷库主要贮存冷冻的鲜饲料原料和皮张，冷库的温度为-18℃，为了存取方便，冷库的不同区域用来放置不同的原料。

4. 饲料加工车间

由于毛皮动物采食鲜饲料，加工完饲料后，要对地面、墙面进行清洗消毒，因此饲料加工车间的地面、墙面为易清洗的水泥面或瓷砖。饲料加工车间（彩图 21）一般有粉碎机、绞肉机、搅拌机、铲车等设备，饲料原料根据饲料配方的用量称重后，用铲车将原料放入粉碎机粉碎，通过传送带输送到绞肉机，绞碎后传送到搅拌机进行搅拌，加工完毕将饲料装入机械化喂食车（彩图 22），生产完毕对饲料加工设备及机械化喂食车等用具用高压水枪进行清洗、消毒。

5. 皮张加工车间

皮张加工车间分为不同的分区，有取皮车间、洗皮车间、晾晒车间、刮油车间、上楦车间、烘干车间、分等分级车间。水貂的处死一般采用尾气法处死，有专门的处死车，利用发动机的尾气将放置在密闭空间的水貂闷死，处死后放置到晾貂架（彩图 23）晾凉，待温度适宜，开始取皮，取皮采用机械化取皮和上楦，先用机器将水貂挑裆（彩图 24），然后剥皮（彩图 25），套在刮油机上进行机械刮油，刮不干净的地方，人工辅助修剪，采用机械翻皮机（彩图 26）将水貂皮张翻成毛朝外，然后将水貂皮张放置在转鼓（彩图 27）中进行清洗，在转笼中去除碎屑等污物，再将皮张套入楦板（彩图 28），用机械进行拉伸和固定，上好楦的貂皮放置在烘干车间进行烘干（彩图 29），烘干后将楦板撤出，皮张转移到分等分级车间根据皮张长度、密度、毛绒质量分等分级（彩图 30）、打捆，然后放置到仓库进行保存（彩图 31）、销售（彩图 32）或制衣（彩图 33）后销售（彩图 34）。

狐和貉的处死采用电击的方法，目前我国狐貉还是采用人工的方法取皮、上楦、烘干。

6. 污水和粪便处理区

养殖场在从事饲料加工、饲养等生产过程中，会产生一定量的污水，污水中含有动物油脂、毛、粪便等，主要为含氮有机物、悬浮物、溶解性固体物、油脂和蛋白质等，属于典型有机废水。污水经过管道流入污水处理区，一般养殖场要建造处理污水的沉降池（彩图 35），沉降池的体积根据养殖场的污水产生情况设计，污水在沉降池中经过处理达到标准后方可排出或循环利用。粪便多采用堆粪发酵处理方法（彩图 36）。

第三节　现代化特禽养殖场

特禽养殖业已成为我国畜牧业发展中的重要组成部分，我国自 20 世纪 80 年代以来，随着国民经济的大力发展，人民生活水平稳步提高，同时国际贸易增加，市场对野味珍禽的需求也越来越大。目前为止，据不完全统计，我国特禽的年出栏量达 10 亿只以上。因饮食结构的不同，呈现地区的差异，如上海、江苏、广东等特禽产业相对发达，形成了产业化模式。福建、广西和广东等地区因食用水禽的习俗，番鸭养殖数量较多。目前，部分特禽的养殖模式发生了较大的改进，如雉鸡、鹧鸪和番鸭均采用现代立体笼养方式。以下主要介绍立

体式笼养雉鸡养殖场。

1. 鸡笼和孵化器

种鸡采用立体式笼养模式（彩图 37），育雏鸡采用多层网上平养模式（彩图 38），孵化器见彩图 39。

2. 饲喂设施

采用自动化饲喂设备，包括料塔（彩图 40）和自动饲喂器（彩图 41）等。

3. 饲养管理

目前，已开发雉鸡育种无纸化产蛋性能测定系统，采集育种基本数据信息（彩图 42）。大型雉鸡养殖场多采用人工授精技术（彩图 43）。

4. 自动集蛋和清粪及处理系统

采用自动集蛋系统（彩图 44）。层叠式承粪带、清粪和输送系统（彩图 45）等智能化功能的应用，实现了鸡粪由鸡笼至无害化处理中心的一站式智能化处理模式，进一步降低了鸡粪运输过程中污染周边环境的风险。

参考文献

[1]《福建省地方畜禽品种资源志》编委会. 福建省地方畜禽品种资源志 [M]. 福州：福建科学技术出版社，2019.
[2] 杜炳旺，徐延生，孟祥兵. 特禽养殖实用技术 [M]. 北京：中国科学技术出版社，2017.
[3] 葛明玉，赵伟刚，李淑芬. 山鸡高效养殖技术一本通 [M]. 北京：化学工业出版社，2010.
[4] 国家畜禽遗传资源委员会. 中国畜禽遗传资源志：特种畜禽志 [M]. 北京：中国农业出版社，2012.
[5] 何艳丽. 肉用野鸭高效养殖技术一本通 [M]. 北京：化学工业出版社，2013.
[6] 李光玉，杨艳玲. 如何办个赚钱的貉家庭养殖场 [M]. 北京：中国农业科学技术出版社，2015.
[7] 李顺才，冯敏山，杜利强. 貉养殖与疾病防治技术 [M]. 北京：中国农业大学出版社，2016.
[8] 刘吉山，姚春阳，李富金. 毛皮动物疾病防治实用技术 [M]. 北京：中国科学技术出版社，2017.
[9] 刘振湘，文贵辉. 鸵鸟高效养殖技术 [M]. 北京：化学工业出版社，2012.
[10] 马泽芳，崔凯，高志光. 毛皮动物饲养与疾病防制 [M]. 北京：金盾出版社，2013.
[11] 任二军，宗文丽，李伟，等. 貉养殖实用技术 [M]. 石家庄：河北科学技术出版社，2021.
[12] 任国栋，郑翠芝. 特种经济动物养殖技术 [M]. 2 版. 北京：化学工业出版社，2016.
[13] 全国畜牧业标准化技术委员会. 茸鹿生产性能测定技术规范：NY/T 1179—2006 [S]. 北京：中国农业出版社，2006.
[14] 苏伟林，荣敏. 养貂技术简单学 [M]. 北京：中国农业科学技术出版社，2015.
[15] 王宝维. 特禽生产学 [M]. 北京：科学出版社，2013.
[16] 高秀华，杨福合，张铁涛. 珍贵毛皮动物饲料与营养 [M]. 北京：中国农业科学技术出版社，2020.
[17] 吴琼，李焰，韩欢胜. 特种畜禽生产 [M]. 北京：机械工业出版社，2022.
[18] 吴琼，陆雪林. 高效养山鸡 [M]. 北京：机械工业出版社，2017.
[19] 吴琼. 中国山鸡 [M]. 北京：中国农业出版社，2019.
[20] 谢之景，马泽芳. 毛皮动物疾病诊疗图谱 [M]. 北京：中国农业出版社，2018.
[21] 熊家军. 特种经济动物生产学 [M]. 2 版. 北京：科学出版社，2018.
[22] 袁施彬. 特种珍禽养殖 [M]. 北京：化学工业出版社，2013.
[23] 张伟，徐艳春，华彦，等. 毛皮学 [M]. 哈尔滨：东北林业大学出版社，2011.
[24] 张沅. 家畜育种学 [M]. 2 版. 北京：中国农业出版社，2018.
[25] 赵裕芳. 茸鹿高产关键技术 [M]. 北京：中国农业出版社，2013.